"十二五"职业教育国家规划教材
经全国职业教育教材审定委员会审定

（第2版）

Moldflow 中文版
注塑流动分析案例导航
视频教程

王卫兵　李金国◎主编

U0227898

清华大学出版社
北京

内 容 简 介

本书以 Moldflow 2012 中文版为蓝本进行讲解，内容覆盖了 Moldflow 注塑流动分析中的常用功能，包括网格划分、网格诊断与处理、浇注系统创建、冷却系统创建、填充分析、冷却分析、翘曲分析以及分析报告输出等内容。

本书以车灯面罩作为贯穿案例，并以单元讲解形式安排章节，每一章节完成一个关键步骤。讲解时，先以 STEP BY STEP 方式详细讲解与单元主题相关的典型案例的操作步骤，再有针对性地介绍相关知识点。

本书附带精心开发的多媒体视频教程和相关练习题，可以起到类似于现场培训的效果，保证读者能够轻松上手，快速入门。

本书可作为 Moldflow 软件初学者和模具设计人员的 CAE 技术自学教材和参考书，也可作为高职模具专业的 CAE 教材。

图书在版编目（CIP）数据

Moldflow 中文版注塑流动分析案例导航视频教程/王卫兵，李金国主编. —2 版. —北京：清华大学出版社，2014（2024.2重印）

ISBN 978-7-302-35100-9

Ⅰ. ①M… Ⅱ. ①王… ②李 Ⅲ. ①注塑–塑料模具–计算机辅助设计–应用软件–教材 Ⅳ. ①TQ320.66-39

中国版本图书馆 CIP 数据核字（2014）第 009168 号

责任编辑：钟志芳
封面设计：刘 超
版式设计：文森时代
责任校对：赵丽杰
责任印制：宋 林

出版发行：清华大学出版社
    网 址：https://www.tup.com.cn, https://www.wqxuetang.com
    地 址：北京清华大学学研大厦 A 座   邮 编：100084
    社 总 机：010-83470000   邮 购：010-62786544
    投稿与读者服务：010-62776969，c-service@tup.tsinghua.edu.cn
    质量反馈：010-62772015，zhiliang@tup.tsinghua.edu.cn
印 装 者：三河市龙大印装有限公司
经 销：全国新华书店
开 本：185mm×260mm 印 张：12 字 数：269 千字
版 次：2008 年 5 月第 1 版 2014 年 11 月第 2 版 印 次：2024 年 2 月第 10 次印刷
    （附 DVD 光盘 1 张）
定 价：45.00 元

产品编号：046589-02

前　言

Autodesk 公司的 Moldflow 软件是塑料 CAE 软件公认的领导者，它可以模拟整个注塑过程及这一过程对注塑成型产品的影响，其软件工具中融合了一整套设计原理，可以评价和优化组合整个过程，从而在模具制造之前对塑料产品的设计、生产和质量进行优化。近年来，随着人们对产品质量的要求日渐提高以及制造成本的不断上升，模具企业依靠经验方法进行设计已不符合现实需求，因此越来越多地采用模流分析软件进行模具的辅助设计，从而减少试模次数、缩短模具制造周期、提高模具质量。

本书采用一种全新的编写与学习指导方法，以车灯面罩作为贯穿案例，每一单元讲解一个关键的操作步骤，同时针对软件的一个应用知识点。案例与这一单元所讲解的知识点将是紧密相关的，并有比较全面的应用，从而使读者可以在案例引导之下领会相关知识点，并且全面系统地掌握软件的应用。

本书从读者的需求出发，充分考虑初学者的需要。在编写及讲解过程中，从读者最易于学习软件的角度进行课程讲解方式、结构、顺序的安排和书本内容的编写，保证读者学得会、学得快、学得通、学得精。书中对各功能的应用及参数解析以实例操作的方式进行讲解，而非软件简单的菜单功能列举和空洞的理论讲解，避免了现有同类书籍中普遍存在的基础知识与实用技术脱节的现象。

本书以 Moldflow 2012 中文版为蓝本进行讲解，同时适用于 Moldflow 的各个版本。内容覆盖了 Moldflow 注塑流动分析中的常用功能，包括网格划分、网格诊断与处理、浇注系统创建、冷却系统创建、填充分析、冷却分析、翘曲分析以及分析报告输出等内容。

本书每一讲都先讲解贯穿案例的一个操作步骤，通过 STEP BY STEP 方式进行详尽的讲解开始引导，再分析相关的知识点，并在实例讲解过程中突出一些操作的关键知识点，同时配有多媒体视频教程进行操作示范。读者只要按光盘中的视频及书中的步骤做成、做会、做熟，再结合知识点的介绍进行领会提高，就能扎扎实实地掌握 Moldflow 注塑流动分析软件的应用。

本书由台州职业技术学院王卫兵、李金国主编，参加编写的还有林康、马张其、吴玲利、王福明、朱成兵、李克杰、王金生、杨建西、梁青松、郑晓依等。本书在编写过程中得到了浙江赛豪实业有限公司、杭州浙大旭日科技有限公司、台州市星星模具有限公司等企业的大力支持。由于编者水平有限，书中疏漏之处在所难免，恳请读者对书中的不足提出宝贵意见和建议，以便我们不断改进。读者可以通过卫兵工作室的网站（http://www.WBCAX.com/Moldflow/）或者 E-mail（wbcax@sina.com）与作者联系。

目　　录

第 *1* 讲　Moldflow 基础

本讲以塑料脸盆作为入门示例，逐步详解 Moldflow 软件从模型导入到查看分析结果的全过程。通过入门示例演练操作，能够了解 Moldflow 的分析流程。

本讲要点

- 📖 Moldflow 应用示例
- 📖 Moldflow 简介
- 📖 Moldflow 操作界面
- 📖 Moldflow 分析流程

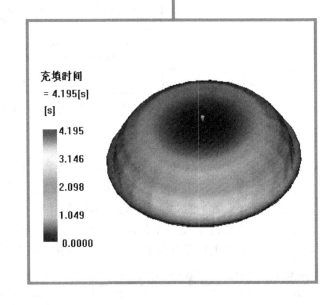

1.1　Moldflow 应用示例

　　下面以脸盆塑料件作为分析对象，分析其充填过程。示例从建立分析工程开始，介绍模型前处理、分析求解、结果查看的过程。脸盆 CAD 模型如图 1-1 所示，填充分析结果如图 1-2 所示。

图 1-1　示例零件

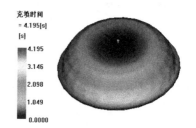

图 1-2　填充分析结果

※ STEP 1　创建新工程

　　启动 Autodesk Moldflow Insight 软件。

　　在工具栏上单击【新建工程】图标，系统将弹出【创建新工程】对话框，如图 1-3 所示。在工程名称中输入 CASE-1，指定创建位置的文件路径，单击【确定】按钮创建一个新工程。此时在工程窗口中显示了名为"CASE-1"的工程。

图 1-3　【创建新工程】对话框

※ STEP 2　导入模型

　　在工具栏上单击【模型导入】图标，弹出【导入】对话框，如图 1-4 所示。选择文件格式类型为 Stereolithograpy(*.stl)，再选择文件"脸盆.stl"，单击【打开】按钮，系统自动弹出如图 1-5 所示的对话框，选择网格类型为"双层面"，单位为"毫米"。单击【确定】按钮，脸盆模型被导入，如图 1-6 所示。工程管理窗口出现了"脸盆_study"案例，任务窗口中列出了默认的任务分析和初始设置，如图 1-7 所示。

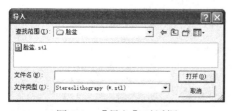

图 1-4　【导入】对话框

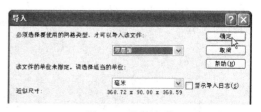

图 1-5　导入选项

图 1-6 脸盆模型

图 1-7 任务窗口

※ **STEP 3** 网格划分

双击任务窗口中的【创建网格】图标  创建网格...，"工具"选项卡中将显示"生成网格"设置界面，如图 1-8 所示，指定全局网格边长为 6，单击【立即划分网格】按钮，系统将对模型进行网格划分，网格日志中显示网格划分进度。

划分完毕后，系统将给出"网格完成！"的提示信息，如图 1-9 所示，同时在工作区显示如图 1-10 所示的脸盆网格模型。在任务窗口的网格将显示为"双层面网格"及网格单元数，并且自动添加了新建节点与新建三角形两个层。

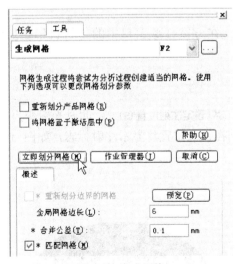

图 1-8 生成网格

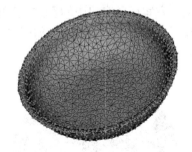

图 1-9 网格完成提示

图 1-10 网格模型

※ **STEP 4** 网格状态统计

在工具栏上单击【网格】图标 ，将显示【网格】工具栏，单击【网格统计】图标 ，"工具"选项卡中将显示"网格统计"设置界面，如图 1-11 所示。单击【显示】按钮，则弹出【三角形】对话框显示网格统计结果，如图 1-12 所示。

图 1-11　网格统计　　　　　　　　　　　图 1-12　网格统计结果

　　网格统计结果显示连通域为 1，自由边为 0，相交单元与完全重叠单元均为 0，纵横比范围为 1.16～26.5，匹配百分比为 94.3%等。自动划分的脸盆模型网格匹配率较高，满足分析计算要求。单击【关闭】按钮关闭【三角形】对话框。

※ STEP 5　确认分析序列

　　本任务要做填充分析。方案任务窗口中的"分析序列"栏显示为 ✓ 填充，无需更改。

※ STEP 6　定义成型材料

　　塑料脸盆的成型材料使用默认的 PC 材料。在方案任务窗口中的"材料"栏显示 ✓ 材料：Generic PP: Generic Default。

※ STEP 7　设定注射位置

　　双击方案任务窗口中的【设定注射位置】图标 ✗ 设定注射位置(S)...，此时光标变为 ⁺，选择模型上的近中心的节点，如图 1-13 所示，则在该点位置将显示注射标志，如图 1-14 所示。

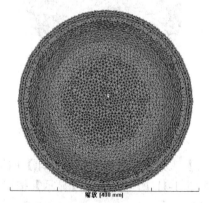

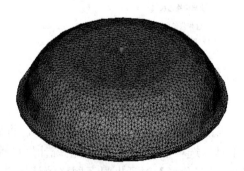

图 1-13　选择中心点　　　　　　　　　　图 1-14　设定注射位置

※ STEP 8　填充预览

设定注射位置后，方案任务窗口将显示"填充预览"，选中"填充预览"复选框，如图 1-15 所示，则系统将在图形区显示填充预览的结果，以颜色深浅的梯度表示填充时间的早晚，零件中颜色越浅的部位越晚填充，可以发现其周边较为均匀，如图 1-16 所示。

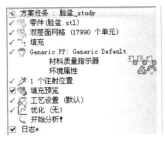

图 1-15　方案任务窗口

图 1-16　填充预览

※ STEP 9　工艺参数设定

双击方案任务窗口中的【工艺设置】图标 工艺设置 (默认)，系统弹出工艺设置向导，按图 1-17 所示设置参数，单击【确定】按钮，完成工艺过程参数的定义。

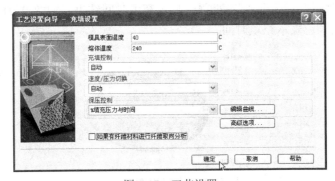

图 1-17　工艺设置

※ STEP 10　分析计算

方案任务窗口中各项任务前出现 ✓ 图标，表明该任务已经设定。双击 开始分析！图标，系统弹出【选择分析类型】对话框，如图 1-18 所示，单击【确定】按钮，Moldflow 求解器开始计算，日志窗口中显示计算相关信息，分析结束后，系统将给出"分析完成！"的提示信息，如图 1-19 所示。

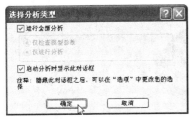

图 1-18　选择分析类型

图 1-19　分析完成提示

※ STEP 11　结果查看

分析计算结束后，Moldflow 生成大量的文字、图像和动画结果。在方案任务窗口下部显示结果，如图 1-20 所示。

图 1-20　查看结果

※ STEP 12　充填时间查看

选中"充填时间"复选框 ☑ **充填时间**，显示充填时间结果，如图 1-21 所示，总时间为 4.915s，并以不同颜色表示充填时间。

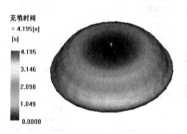

图 1-21　充填时间结果显示

※ STEP 13　动态检视

在工具栏上单击【结果】图标，显示【结果】工具栏，单击【动画播放器】图标 ▷，以动态的方式显示熔料充填型腔过程，如图 1-22 所示。

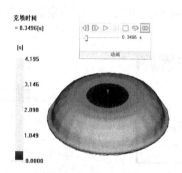

图 1-22　动画检视

※ STEP 14　保存方案

在顶部单击【保存方案】图标█，保存文件。

1.2　Moldflow 简介

Moldflow 软件通常是指 Autodesk Moldflow Insight（AMI），是用于注塑模流分析的强大 CAE 软件，是目前公认的模流分析最佳软件。它可以模拟整个注塑过程及这一过程对注塑成型产品的影响。通过仿真设置和结果输出来展示壁厚、浇口位置、材料、几何形状变化如何影响可制造性，可以在模具制造之前对塑料产品的设计、生产和质量进行优化。

Autodesk Moldflow Insight 包括以下功能模块。

1. Flow 流动分析

Flow 分析聚合物在模具中的流动，并且优化模腔的布局、材料的选择、填充和压实的工艺参数。可以在产品允许的强度范围内和合理的充模情况下减少模腔的壁厚，把熔接线和气孔等缺陷定位于结构和外观上允许的位置上，并且定义一个范围较宽的工艺条件，而不必考虑生产车间条件的变化。

2. Cool 冷却分析

分析冷却系统对流动过程的影响，可以优化冷却管路的布局和工作条件。冷却分析与流动分析相结合，可以产生十分完美的动态的注塑过程分析。这样可以改善冷却管路的设计，从而产生均匀的冷却，并由此缩短成型周期，减少产品成型后的内应力。

3. Warp 翘曲分析

分析整个塑件的翘曲变形（包括线性、线性弯曲和非线性），同时指出产生翘曲的主要原因以及相应的补救措施。MF/Warp 能在一般的工作环境中，考虑到注塑机的大小、材料特性、环境因素和冷却参数的影响，预测并减少翘曲变形。

4. Stress 结构应力分析

分析塑料产品在受外界载荷的情况下的机械性能，在考虑到注塑工艺条件下，优化塑料制品的强度和刚度，预测在外界载荷和温度作用下所产生的应力和位移。对于纤维增强塑料，根据流动分析和塑料的种类的物性数据来确定材料的机械特性，用于结构应力分析。

5. Shrink 模腔尺寸确定

通过聚合物的收缩数据和流动分析结果来确定模腔尺寸大小，可以在较宽的成型条件下以及紧凑的尺寸公差范围内，使得模腔的尺寸可以更准确地同产品的尺寸相匹配，使得模腔修补加工以及模具投入生产的时间大大缩短，并且大大改善了产品组装时的相互配合，进一步减少废品率和提高产品质量。

6. Optim 注塑机参数优化

根据给定的模具、注塑机、注塑材料等参数以及流动分析结果自动产生控制注塑机的填充保压曲线，用于设置注塑机参数，从而免除在试模时对注塑机参数的反复调试。

7. Gas 气体辅助注塑分析

模拟气体辅助注塑机的注塑过程，对整个气体辅助注射成型过程进行优化。通过流动分析与气辅分析耦合求解，完成聚合物注射阶段的分析，注塑成型过程的工艺条件、流道和模腔的流动平衡以及材料的选择等可以从中得到优化组合。

8. Fiber 塑件纤维取向分析

塑件纤维取向对采用纤维化塑料的塑件的性能（如拉伸强度）有重要影响，使用一系列集成的分析工具来优化和预测整个注塑过程的纤维取向，使其趋于合理，从而有效地提高该类塑件的性能。

9. 特种注塑成型的分析

根据当前注塑技术的应用与发展，Moldflow 提供了多种特种注塑成型的加工工艺的分析功能，包括重叠注塑、共注成型分析、注射-压缩分析、反应成型工艺、微芯片封装分析、微孔发泡注射成型分析、树脂传送成型、底层覆晶封装分析、多料筒反应成型分析等。

1.3 Moldflow 操作界面

Moldflow 功能区用户界面如图 1-23 所示。典型的界面构成包括：标题栏、工具栏、导航条、工程管理窗口、方案任务窗口、层管理窗口、模型显示窗口与日志窗口等。

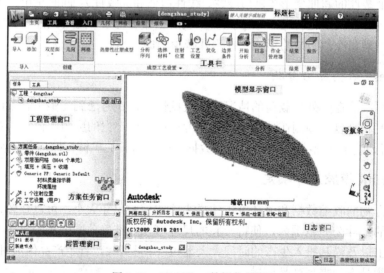

图 1-23 Moldflow 的操作界面

工程管理视窗显示当前工程中包含的几项分析文件；方案任务窗口显示当前案例的定义状态，包含了模型的导入形式、分析类型、材料、注射位置、冷却系统、成型工艺以及分析结果等；日志窗口显示工程在求解计算中的信息。

> **提示**：单击工具栏菜单右侧的向上箭头，可以压缩工具栏的显示，可以将工具栏最小化为选项卡、面板图标或面板标题。

> **提示**：Moldflow 可以同时打开多个工程任务，在图形区内显示多个标签。在工程管理窗口双击方案任务名称或者在图形区选择标签可以进行切换。

单击左上角的 ▧图标，然后再单击【选项】按钮，弹出【选项】对话框，可以进行相关设置，如图 1-24 所示。将界面样式改为"传统用户界面"则显示传统的菜单形式的用户界面。"功能区用户界面"的所有命令均位于窗口顶部的命令选项卡中，根据激活的选项卡会有不同的变化。例如，与零件建模相关的所有命令可在"几何"选项卡上找到，而与分析结果相关的所有命令则可在"结果"选项卡上找到。传统用户界面中各种下拉菜单与工具栏布满窗口顶部。

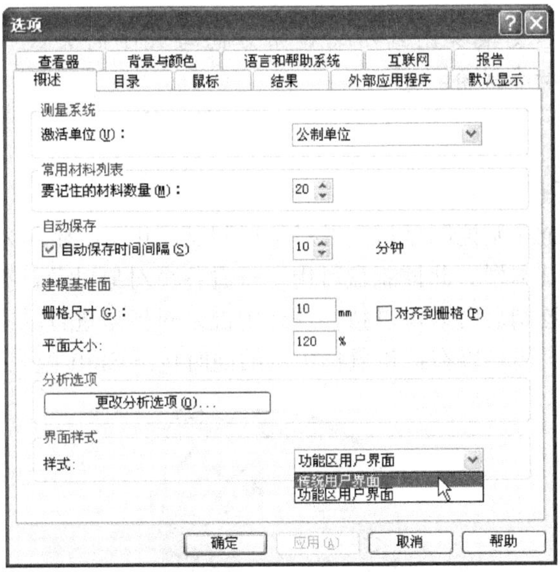

图 1-24　【选项】对话框

为检视模型显示窗口的模型或者结果，需要对视图进行设定，以从不同视角查看不同局部，Moldflow 提供了方便查看的各种工具。

1. 导航条

在模型显示窗口的右侧显示有导航条，如图 1-25 所示。导航条上的工具为常规的旋转、平移、缩放、窗口缩放、全屏显示、中心、查看面等工具。

图 1-25　导航工具

2.　ViewCube

ViewCube 工具是一个能够持久保留，既可单击又可拖放的界面，用于在模型的标准视图和等角视图之间进行切换。

ViewCube 显示在模型窗口的一角，如图 1-26 所示，视图发生变化时，将提供模型在当前视角下的直观反馈。将光标定位到 ViewCube 工具上方进行拖动时将滚动当前视图；而单击 ViewCube 的面、边或者角落将切换到对应的标准视图；单击周边的箭头将旋转 90°。

图 1-26　ViewCube

> 🔊 **提示**：动态变换视图到所需视角方向与大小的大致位置后，再通过 ViewCube 选择标准视角。

3.　导航控制盘

导航控制盘包括全导航控制盘与查看对象控制盘，并可以显示为迷你型，如图 1-27 所示为全导航控制盘的基本型。此控制盘可用于查看各个对象以及在整个模型内及其周围进行巡视。显示全导航控制盘时，可以按住鼠标中键来对模型进行动态观察，滚动控制盘按钮来进行放大和缩小，还可以在按住鼠标中键的同时按下 Shift 键来进行平移。

图 1-27　全导航控制盘

全导航控制盘包括下列选项。

（1）缩放：调整当前视图的放大比例因子。

（2）回放：恢复最近使用的视图。单击并向左或向右拖动可实现前移和后移。

（3）平移：通过平移重新定位当前视图。

（4）动态观察：绕固定的轴心点旋转当前视图。

（5）中心：指定一个点以调整当前视图的中心或更改用于某些导航工具的目标点。

（6）漫游：模拟在模型中漫游。

（7）环视：旋转当前视图。

（8）向上/向下：沿模型的 Z 轴滑动模型的当前视图。

> **提示：** 在图形区按住鼠标右键并拖动将作动态旋转；同时按 Shift 键将作动态平移；滚动鼠标上的滚轮将作动态缩放。

1.4　Moldflow 分析的一般流程

对于常规的塑料制品，其分析流程如图 1-28 所示。

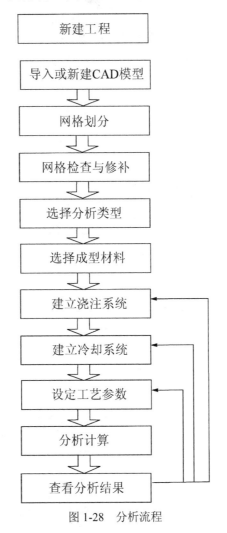

图 1-28　分析流程

复习与练习

对如图 1-29 所示的模型进行填充分析，指定注射位置在零件底面中心，分析浇口位置的合理性。

图 1-29　练习模型

第 *2* 讲 网 格 划 分

将产品模型导入到 Moldflow 中后，首先需要对模型进行

网格划分。网格是 Moldflow 模拟仿真整个过程的基础，在网

格生成后，可以通过网格统计查看其基本信息。

本讲要点

📖 模型导入

📖 网格类型

📖 网格划分

📖 网格统计

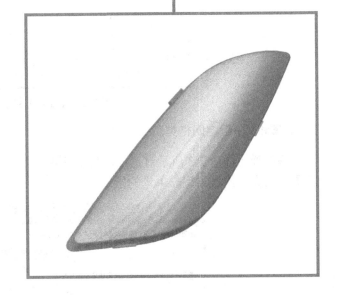

2.1   网格划分示例

要进行 Moldflow 的分析，首先必须进行网格划分。在本节中将首先导入如图 2-1 所示的车灯面罩模型，然后再进行网格划分。对于划分后的网格，能通过网格统计查看其基本状态。如果统计结果差异较大，则需要重新划分网格。

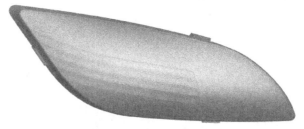

图 2-1   示例模型

※ STEP 1   导入模型

启动 Moldflow 软件，在工具栏上单击【模型导入】图标🗲，将弹出【导入】对话框，如图 2-2 所示。文件名选择 dengzhao.stl，然后单击【打开】按钮。

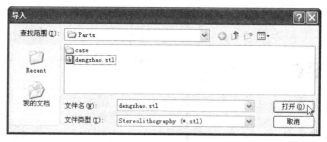

图 2-2   【导入】对话框

※ STEP 2   指定网格类型

系统弹出如图 2-3 所示对话框，选择网格类型为"双层面"，单位为"毫米"，单击【确定】按钮完成网格类型与单位的指定。

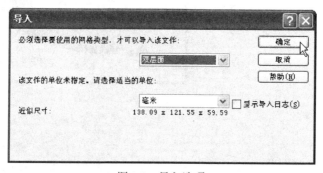

图 2-3   导入选项

※ **STEP 3** 创建新工程

系统弹出如图 2-4 所示的【导入–创建/打开工程】对话框，输入工程名称为 CASE，单击【确定】按钮导入模型。

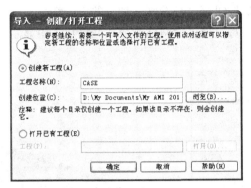

图 2-4 创建工程

> 🔊**提示**：没有创建工程直接导入模型时将需要创建新工程，也可以将当前模型导入到一个已存在的工程中。

※ **STEP 4** 进入工作界面

模型被导入，在工作区显示模型，如图 2-5 所示。工程窗口显示工程 CASE 与方案任务 dengzhao_study，分析任务窗口中列出了默认的分析任务和初始设置，图层中新增了"Stl 表示"层，如图 2-6 所示。

> 🔊**提示**：任务窗口中显示的选项为设置的默认选项，如分析序列、材料、工艺参数均为默认值，该默认值可以设置。

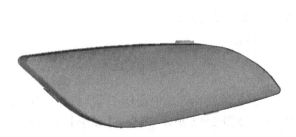

图 2-5 导入的模型

图 2-6 任务窗口

※ STEP 5　网格划分

双击任务窗口中的【创建网格】图标 🔧创建网格...，"工具"选项卡中将显示"生成网格"设置界面，如图 2-7 所示，在不确定网格平均边长时，首先采用默认的全局网格边长进行网格划分。单击【预览】按钮可以查看网格划分的大致情况，如图 2-8 所示。单击【立即划分网格】按钮，系统将对模型进行网格划分，网格日志中显示网格划分进度。

图 2-7　生成网格

图 2-8　预览

划分完毕后，系统将给出提示信息，如图 2-9 所示，同时在工作区显示如图 2-10 所示的车灯面罩网格模型。在任务窗口的网格将显示为"双层面网格"及网格单元数，并且自动添加了"新建节点"与"新建三角形"两个层，如图 2-11 所示。

图 2-9　网格完成

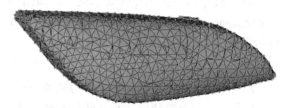

图 2-10　网格模型

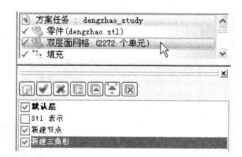

图 2-11　新图层

※ STEP 6　网格状态统计

在任务窗口中右击"双层面网格"选项，在弹出的快捷菜单中选择"网格统计"命令，"工具"选项卡中将显示"网格统计"设置界面，如图 2-12 所示。单击【显示】按钮，则弹出【三角形】对话框显示网格统计结果，如图 2-13 所示。

网格统计结果将显示连通域为 1，自由边为 0，纵横比范围为 1.17～136.4，匹配率为 73.9%等。该模型的匹配率与网格纵横比明显不符合要求，需要进一步调整。单击【关闭】按钮关闭【三角形】对话框。

图 2-12　网格统计

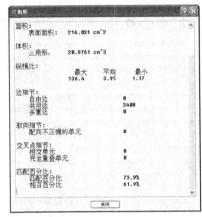

图 2-13　网格统计结果

提示：实际划分网格时产生的网格数目可能有所不同。

※ STEP 7　重新划分网格

双击任务窗口中的【双层面网格】图标✓ 🐚双层面网格，再在"生成网格"设置界面中，选中"重新划分产品网格"复选框，将"全局网格边长"由 5.52mm 改为 2mm，如图 2-14 所示。单击【立即划分网格】按钮，系统自动对网格进行重新划分。

划分后的网格如图 2-15 所示。网格数目由原来的 2272 个变为 10946 个，可以明显发现重新划分后的网格密度较大。

提示：必须选中"重新划分产品网格"复选框，否则将显示网格划分失败。

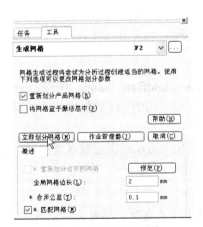

图 2-14　重新划分网格

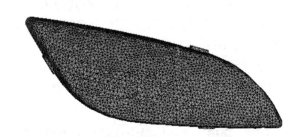

图 2-15　重新划分后的网格

※ STEP 8　网格状态统计

对重新划分好的网格进行状态统计，查看重新划分后的网格质量。右击方案任务窗口中的✓ 🖼️双层面网格（10946 个单元）图标，在弹出的快捷菜单中选择"网格统计"命令，再单击【显示】按钮显示网格统计结果，如图2-16所示。

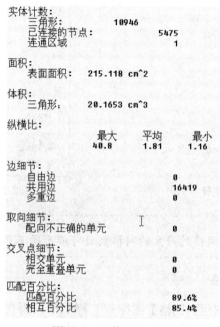

```
实体计数：
    三角形：            10946
    已连接的节点：                  5475
    连通区域                           1

面积：
    表面面积：   215.118 cm^2

体积：
    三角形：   20.1653 cm^3

纵横比：
              最大       平均       最小
              40.8       1.81       1.16

边细节：
    自由边                             0
    共用边                         16419
    多重边                             0

取向细节：
    配向不正确的单元                   0

交叉点细节：
    相交单元                           0
    完全重叠单元                       0

匹配百分比：
    匹配百分比                     89.6%
    相互百分比                     85.4%
```

图2-16　网格统计结果

统计结果显示：匹配率上升至89.6%，满足了分析的要求，且三角形网格的纵横比也得到了明显下降，大大降低了网格处理的工作量。

※ STEP 9　保存方案

单击【保存】按钮，保存方案。

2.2　模 型 导 入

模型导入可以将不同的文件格式导入到 Autodesk Moldflow Insight 中进行分析。Moldflow 可以导入的模型类型包括各种有限元格式文件和常用的 3D 数据格式，如通用格式的 STL、IGS、STP 等。

选择导入模型功能后将显示【导入】对话框，如图2-17所示。指定数据类型后，再选择模型文件将其导入，然后指定网格类型与单位，确定导入模型。

> 📢 **提示：** 导入的模型应该是完整的，不存在曲面间的空隙，否则应该先通过 Moldflow CAD Doctor 进行模型的检查与修复。

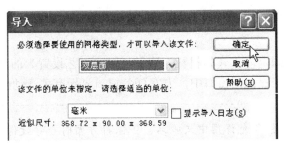

图 2-17　【导入】对话框

> 提示：如果导入的模型为有限元分析做过的网格模型，则沿用原网格类型
> 而无需指定网格类型。某些格式文件不会显示近似尺寸。

2.3　工程与方案

任务窗口显示在视窗的左侧，包括"任务"与"工具"选项卡，如图 2-18 所示，用于组织和管理分析任务。

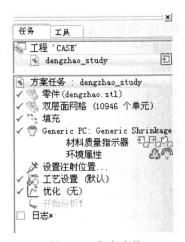

图 2-18　任务窗格

1．工程

工程在工程管理方案中组织级别最高，同一工程中的多个任务方案的结果可以相互比较，也可以将其合并到单个报告中。工程管理窗口包含工程的名称以及其中所包含的任务方案和报告。

> 提示：可以将任意数量的模型导入到工程中进行分析。
> 　　工程管理窗口中的任务方案后将显示分析类型图标，白底表示未完成分析，深底色表示分析完成。

2. 方案

方案是基于一组固定输入（如材料、注射位置、工艺设置）的分析或分析序列。创建的每个方案均显示在工程视图窗口中，方案任务窗口显示有关活动模型的信息。

> **提示：** 方案任务允许用中文命名，但保存方案时会导致保存文件名出现空格而不显示完整的中文，建议用英文命名。

2.4　网格类型

Moldflow 采用有限元分析技术，有限元分析是将一个整体简化成有限个小的单元体，在 Moldflow 中，这些单元体称为网格，是由以节点连接的三角形单元组成，网格是分析的基础。Moldflow 有 3 种网格类型，即中性面网格（Midplane）、双层面网格（Fusion）和实体网格（3D），根据分析类型搭配网格类型。

1. 中性面网格（Midplane）

中性面网格模型是由三节点的三角形单元组成的，网格创建在模型壁厚的中间处形成的单层网格如图 2-19 所示。在创建中性面网格的过程中，要实时提取模型的壁厚信息，并赋予相应的三角形单元。

中性面模型数据量小，但由于采用中性面分析时不考虑厚度方向的实际影响，因而其分析误差比较大。

2. 双层面网格（Fusion）

双层面网格通过用三角形单元覆盖模型表面来表示实体 CAD 模型，三角形单元的拐角称为节点。与中性面网格不同，它是创建在模型的上下表面，使模型成为一个由曲面壳覆盖而成的中空体，如图 2-20 所示。双层面分析技术分析的原理是同时模拟流体在模具型腔顶部和底部的流动。

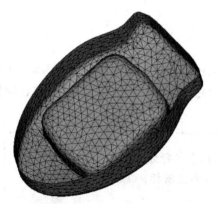

图 2-19　中性面网格

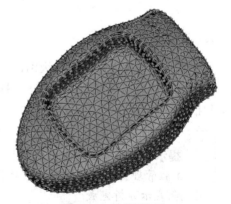

图 2-20　双层面网格

3．实体网格（3D）

实体网格模型是由四面体单元组成，每个四面体单元由 4 个三角形单元组成，3D 网格可以更为精确地进行三维流道仿真。3D 网格对于厚零件或实体零件效果很好，因为四面体给出了真实的 3D 模型表示，其计算数据完整，误差最小。但 3D 分析的求解过程较为复杂，计算时间较长。

3D 网格通常不能直接创建，而是要先做好表面层的双层面网格，再将其转换和重新划分为 3D 网格。创建实体网格方法：先将模型以双层面的格式导入，并进行网格划分，对划分好的网格进行质量检查，当双层面网格匹配率达到 90%以上，将网格类型设定为 3D，进行网格划分，就可以生成 3D 网格。如图 2-21 所示为 3D 网格示例。

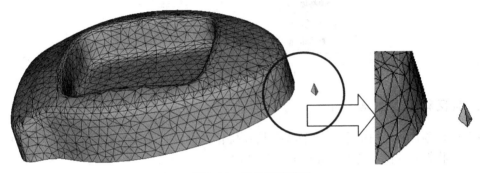

图 2-21　实体网格模型

> 📢**提示：** 选择的网格类型不同，其可以支持的分析序列也不同，同时在工艺设置、分析结果等项目上均有差异。
>
> 　导入的壳体类模型进行分析的首选类型为"双层面"，本书将以双层面为主介绍 Moldflow 的应用。

2.5　网 格 划 分

Moldflow 是一种有限元分析方法，必须以网格为基础进行分析。在导入几何模型后，需要先划分模型网格，然后才能进行分析。在导入过程中指定了网格类型并不会自动划分网格。

在方案任务窗口中，双击【创建网格】图标，也可以在【网格】工具栏上单击【生成网格】图标。工具界面将显示"生成网格"，如图 2-22 所示。

划分网格的选项包括：

1．重新划分产品网格

选择此选项后划分网格，将会对模型的所有可见截面重新划分网格。

未选择此选项进行划分网格，将只会对那些尚未划分网格的可见的模型截面划分网格。

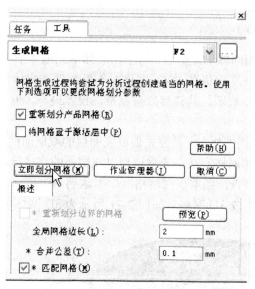

图 2-22　生成网格

2．将网格置于激活层中

打开此选项，创建网格之后，"网格"层在层管理窗口中处于选中和激活状态。如首次划分网格，将把新建的节点与三角形置于默认层。

3．全局网格边长

输入一个值以设置目标网格单元长度，在生成中性面或双层面网格时将输入该值。设置的全局边长越小，则网格单元越多，分析精度会越高，然而模型修改的复杂程度和系统的计算量都将大大提高。

4．合并公差

指定节点之间的最小距离。如果节点间的距离小于指定的合并公差，它们将被合并。

5．匹配网格

匹配网格是针对双层面网格模型而言的，它将在网格划分中自动匹配两个对应表面的网格单元。

单击【立即划分网格】按钮，系统根据用户设置自动完成网格划分和匹配，划分过程信息显示于网格日志中。网格日志中还可以查看划分网格的设置参数。

2.6　网　格　统　计

Moldflow 在网格划分完毕后，有必要对网格的状态进行统计，来确定当前的网格质量是否可以接受。

在【网格】工具栏上单击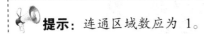图标，或者右击方案任务窗口中的【网格】图标，在弹出的快捷菜单中选择"网格统计"命令，再单击【显示】按钮将显示如图 2-23 所示的网格统计结果，根据输入参数中指定的模型网格类型，"网格统计"报告包括以下几个部分。

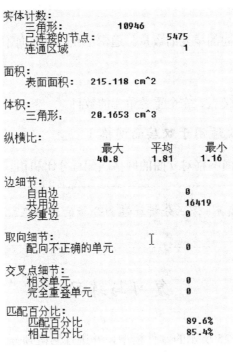

图 2-23　网格统计结果

1.　实体计数

实体计数显示三角形单元总数、与这些单元关联的已连接节点数以及连通区域数。

> **提示**：连通区域数应为 1。

2.　面积

面积显示模型中所有三角形单元总表面积。

3.　体积

体积显示所有三角形单元所表示的总体积。

4.　纵横比

纵横比显示网格中的三角形元素的最小、最大和平均纵横比。

5.　边细节

边细节显示自由边、共用边和多重边的数目。

> **提示**：双层面网格一定不具有自由边，也不能有多重边。

6. 取向细节

取向细节显示取向不同的单元的数量。通常不允许有取向不同的单元。

7. 交叉点细节

交叉细节显示单元交叉点、完全重叠单元的数目。

8. 匹配百分比（仅适用于双层面网格）

匹配百分比显示双层面网格对立面的网格匹配百分比和相互匹配百分比。

> **提示**：双层面填充+保压分析和翘曲分析的网格匹配百分比要求在 85% 以上。

复习与练习

导入如图 2-24 与图 2-25 所示的零件模型，并进行网格划分和统计。

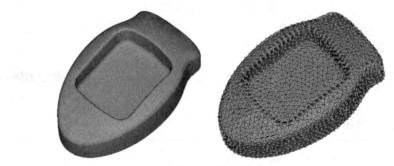

图 2-24　练习模型 1

图 2-25　练习模型 2

第3讲 网格诊断

为了更好地对网格存在的缺陷进行处理，Moldflow 提供了丰富的网格缺陷诊断工具，将网格诊断和网格修复工具相结合使用，可以很好地解决网格缺陷问题。

本讲要点

- 📖 网格纵横比诊断
- 📖 网格重叠单元诊断
- 📖 网格取向诊断
- 📖 网格连通性诊断
- 📖 网格自由边诊断
- 📖 网格修复向导

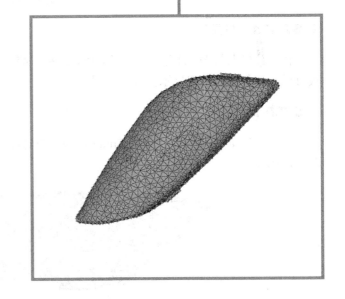

3.1 网格诊断示例

车灯面罩的网格划分后，应用网格统计工具可以查看其网格的总体概况，但并没有显示很详尽的信息，需要作进一步的网格诊断与网格修复。网格诊断主要有：纵横比诊断、重叠单元诊断、取向诊断、连通性诊断、自由边诊断等，如图 3-1 所示为纵横比诊断示例。应用网格修复向导工具可以自动修复部分网格缺陷。

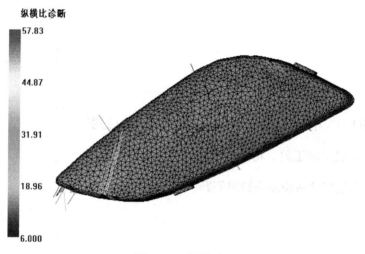

图 3-1　示例模型

※ STEP 1　打开工程

在工具栏上单击【打开工程】图标，选择 CASE.mpi，单击【打开】按钮。工程 CASE 被打开，任务窗口中将显示打开的工程。

※ STEP 2　激活工作任务

双击任务窗口中的 dengzhao_Study 任务，车灯面罩网格模型显示在模型显示区内，如图 3-2 所示。

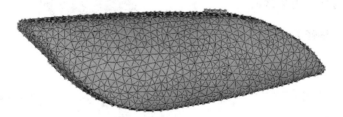

图 3-2　车灯面罩网格模型

※ STEP 3　显示【网格】工具栏

在工具栏上双击【网格】图标，显示【网格】工具栏，如图 3-3 所示。

图 3-3 网格工具

※ STEP 4 纵横比诊断

单击纵横比图标，"工具"选项卡中显示"纵横比诊断"设置界面，指定最小值为 6，并选中"将结果置于诊断层中"复选框，如图 3-4 所示。单击【显示】按钮，系统将以不同颜色的引出线显示纵横比大小不同的单元，如图 3-5 所示。

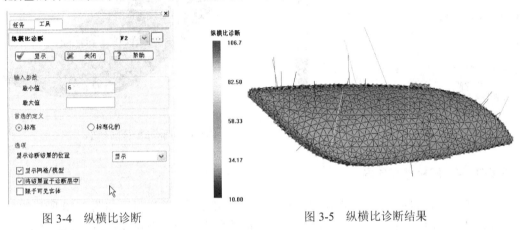

图 3-4 纵横比诊断   图 3-5 纵横比诊断结果

> 📢 **提示**：将结果置于诊断结果层中，在网格修复过程中可以快速选择。

※ STEP 5 厚度诊断

单击工具栏上的厚度图标，"工具"选项卡中显示"厚度诊断"设置界面，如图 3-6 所示。单击【显示】按钮，在图形上将以不同颜色显示当前模型网格的厚度，如图 3-7 所示。

图 3-6 厚度诊断

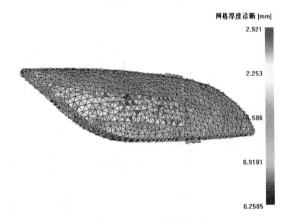

图 3-7 厚度诊断结果

※ **STEP 6** 网格匹配诊断

单击工具栏中的 ⛰ 网格匹配 图标，"工具"选项卡显示"双层面网格匹配诊断"设置界面，如图 3-8 所示。单击【显示】按钮，在模型上将显示双层面匹配诊断结果，如图 3-9 所示。从中可以看到未匹配的网格多为圆角区域与边缘区域的网格单元。

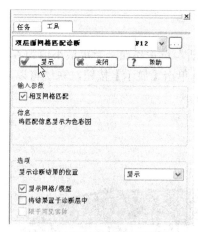

图 3-8　双层面网格匹配诊断

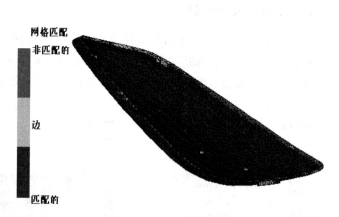

图 3-9　网格匹配诊断结果

※ **STEP 7** 网格修复向导

单击【网格修复向导】图标📇，打开网格修复向导工具，首先显示如图 3-10 所示的【缝合自由边】对话框，在对话框的右侧将显示当前的检查结果，单击【前进】按钮进入下一步。在【填充孔】、【突出】、【反向法线】、【修复重叠】、【折叠面】、【纵横比】对话框中直接单击【前进】按钮，在【退化单元】对话框中设置公差为指定值 0.05mm，如图 3-11 所示，进行网格的修复；在【纵横比】对话框中设置目标为 6，如图 3-12 所示，前进到最后一个页面，系统将自动进行网格的局部修复，修复结束后将显示如图 3-13 所示的摘要信息，提示修复有缺陷的网格数量。单击【关闭】按钮完成网格修复。

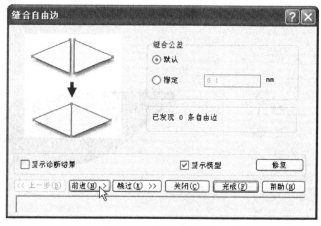

图 3-10　缝合自由边

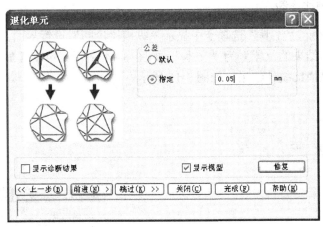

图 3-11　退化单元

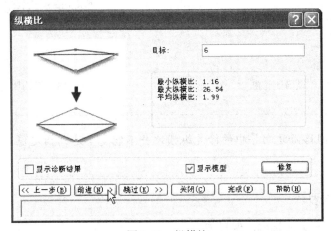

图 3-12　纵横比

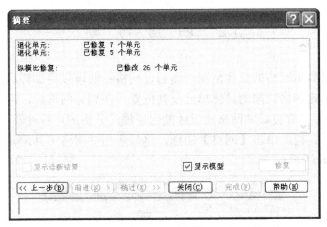

图 3-13　摘要

> **提示：** 应用网格修复向导包含了诊断功能，退化单元功能可以将接近的节点合并，修改纵横比则通过交换边的方法进行纵横比的修复。

※ STEP 8 纵横比诊断

单击⊔纵横比 图标，"工具"选项卡中显示"纵横比诊断"设置界面，指定最小值为 6，并设置"显示诊断结果的位置"为"文本"，如图 3-14 所示。单击【显示】按钮，将弹出一个信息窗显示纵横比统计结果，如图 3-15 所示。

图 3-14　纵横比诊断

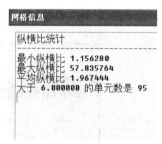

图 3-15　纵横比统计结果

> **提示：**网格修复向导中的修复纵横比并不能完全达到指定值，需要后续的人工干预。

※ STEP 9 保存方案

单击【保存方案】图标🖫，保存方案。

3.2　网　格　诊　断

网格统计可以显示网格的总体情况，而通过网格诊断可以更加详尽地检查当前的网格质量，并且可以确定网格缺陷的具体单元及其位置。在划分网格后，常常通过进行网格诊断来确认网格质量，只有良好的网格质量才能保证模流分析的可行性及分析结果的可靠性。

在【主页】工具栏上单击【网格】图标，将显示相关网格工具，其中的网格诊断部分工具显示如图 3-16 所示。

图 3-16　网格诊断工具

3.2.1 纵横比诊断

在双层面网格和中性模型网格中，纵横比指的是三角形长高方向的极限尺寸之比，如图 3-17 中所示的 L 和 H。单元纵横比对分析计算的结果精确性有很大的影响，推荐的纵横比最大值为 6。

单击 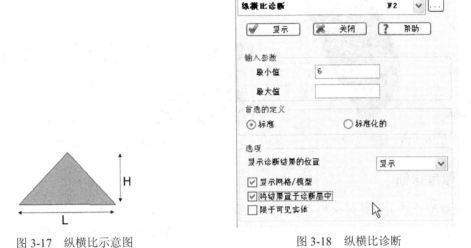 纵横比图标，"工具"选项卡中显示"纵横比诊断"设置界面，如图 3-18 所示。其选项参数介绍如下。

图 3-17 纵横比示意图

图 3-18 纵横比诊断

1. 输入参数

输入参数指定了显示的纵横比的最小值与最大值范围，如果为空，则表示不受限制。

2. 首选的定义

若选中"标准"单选按钮，则显示纵横比的实际数值，与以前的版本兼容，其值从 1.16（等边三角形）到无穷大（直线），其数值越大，表示网格质量越差；若选中"标准化的"单选按钮，则以比率方式显示，其值从 0（直线）到 1（等边三角形），其数值越大，表示网格质量越好。

3. 选项

选项部分是各个诊断功能所共有的选项，包括以下几项。

（1）显示诊断结果的位置：可以选择"显示"或"文本"，"显示"方式在图形上显示诊断结果，如图 3-19 所示；"文本"方式则会给出一个诊断报告，如图 3-20 所示。

（2）显示网格/模型：选中该复选框，网格模型才会在窗口中显示；取消选中该复选框将显示诊断结果。

（3）将结果置于诊断层中：选中该复选框，诊断结果将独立放入名为诊断的图形层中，方便用户查看诊断结果。

（4）限于可见实体：选中该复选框仅对可见实体执行诊断检查。通过隐藏模型某些部分并仅使感兴趣的区域保持可见，可以提高图的更新速度和工作效率。如果取消选中该复选框，将在显示诊断图时对相关实体的所有实例执行诊断检查。对于大模型，在更改模型时自动更新诊断图可导致相当长的延时，特别是在编辑网格以解决单元重叠或相交问题时。

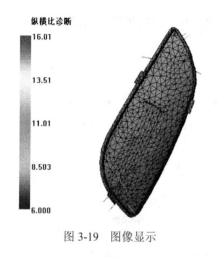

图 3-19　图像显示

图 3-20　文本显示结果

3.2.2　厚度诊断

单元厚度诊断主要是用来检查壁厚不一的模型在网格划分后，是否还保持原先厚度。由于在划分网格与修复网格时会产生误差，导致模型的局部壁厚发生变化，应用厚度诊断可以检查当前网格每一单元的厚度。

单击工具栏中的 厚度 图标，"工具"选项卡中显示"厚度诊断"设置界面，如图 3-21 所示。

指定厚度的最小值与最大值，单击【显示】按钮，将在图形上以不同颜色显示网格的厚度，如图 3-22 所示为当前模型网格厚度诊断结果。

图 3-21　厚度诊断

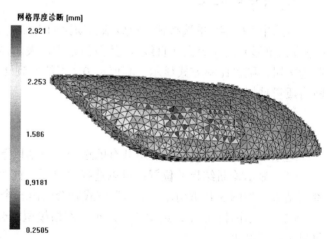

图 3-22　厚度诊断结果

可以限制厚度的最大值或最小值来观察薄壁或厚壁的分布。

3.2.3 重叠单元诊断

重叠单元诊断用于检查重叠或交叉单元，重叠指的是两个共面单元交叉，交叉点指的是非共面单元交叉。在分析中不允许有重叠单元，必须在运行分析前更正重叠和交叉的单元。

单击【网格诊断】工具栏上的 ☑重叠图标，"工具"选项卡中显示"重叠单元诊断"设置界面，如图 3-23 所示。在对话框中选中"查找交叉点"和"查找重叠"复选框，指定结果显示方式，单击【显示】按钮，就可以看到图像或者文字诊断结果。图 3-24 显示了重叠单元诊断文本结果。

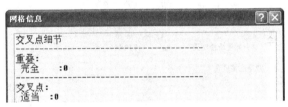

图 3-23 重叠单元诊断   图 3-24 文本显示结果

3.2.4 双层面网格匹配诊断

网格匹配诊断双层面网格模型的上下表面网格单元的匹配程度。匹配率越高，分析结果的可靠性越好，一般要求匹配率应大于 85%。

单击工具栏上的 🏠网格匹配图标，"工具"选项卡中显示"双层面网格匹配诊断"设置界面，如图 3-25 所示。单击【显示】按钮，将显示双层面匹配诊断结果，红色表示没有匹配，浅绿色表示边，蓝色表示已经匹配，如图 3-26 所示。

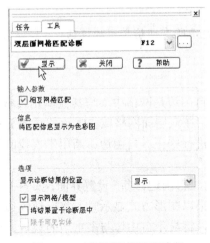

图 3-25 双层面网格匹配诊断   图 3-26 网格匹配诊断结果

3.2.5 连通性诊断

连通性诊断用来检查网格连通性，并查找没有连通的单元。主要用于检测一模多穴分析时，流道设计是否和多个塑件都相通。

单击工具栏上的 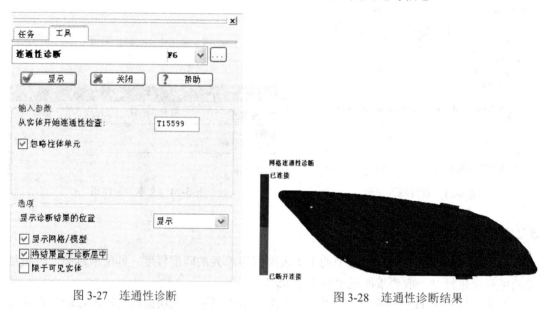 连通性 图标，"工具"选项卡中显示"连通性诊断"设置界面，如图 3-27 所示。选中"忽略柱体单元"复选框将不对浇注系统与冷却系统进行连通性诊断。

在模型上选择一个网格实体，单击【显示】按钮，将显示诊断结果，如图 3-28 所示。诊断以红色和蓝色显示结果，蓝色表示已连接单元，红色表示未连接单元。如果以文本显示结果，则显示已连接的实体数，以及自由边与多重边、交叉边等信息。

图 3-27　连通性诊断　　　　　　图 3-28　连通性诊断结果

建议选中"将结果置于诊断层中"复选框，不连通的网格将显示在该层中，关闭新建三角形层将只显示不连通的网格。

> **提示**：在网格统计中，连通区域数量为 1 表示所有网格单元均连通。

3.2.6 自由边诊断

在双层面网格中，每一边都应由两个单元共享，自由边是网格中不与其他单元共享的单元边，多重边则是网格中两个以上的单元共享的边，在双层面网格或 3D 网格中不允许存在任何自由边与多重边，必须在运行分析之前对其进行修正。自由边诊断用于查找网格中的自由边单元与多重边并确定其位置。

单击工具栏中的 自由边 图标，"工具"选项卡中显示"自由边诊断"设置界面，如图 3-29 所示。可以选择是否对多重边进行查找诊断。诊断结果以图形方式显示时，将以红色边表示自由边，以蓝色边表示多重边；以文本方式显示时，将显示自由边与多重边的数量，以及其连接的节点，如图 3-30 所示。

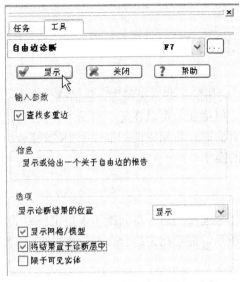

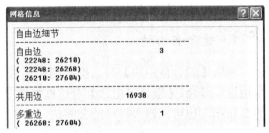

图 3-29　自由边诊断　　　　　　　　　图 3-30　自由边细节

3.2.7　取向诊断

网格取向用于区分单元的两面，单元的一面称为顶面，另一面称为底面。查看网格取向时，单元的顶面显示为蓝色，底面显示为红色。对于双层面模型，整个模型都应该是蓝色的。

单击工具栏上的 ☲取向 图标，"工具"选项卡中显示"取向诊断"设置界面，如图 3-31 所示。单击【显示】按钮，诊断结果以图像或者文本结果给出，如图 3-32 所示为文本结果输出。图像显示诊断结果则以蓝色为顶部，红色为底部。

> 💬 **提示**：在进行网格修复后，需要再进行网格诊断，因为在修复过程中可能会产生新的网格缺陷。

图 3-31　取向诊断　　　　　　　　　图 3-32　文本显示结果

3.3 网格修复向导

使用"网格修复向导"工具可诊断和自动修复网格的一些常见问题，包括缝合自由边、突出、退化单元、反向法线、修复重叠、折叠面、纵横比，可以在每个页面上分别进行更改，也可以跳过无关的页面。当打开该向导的各页面时，将相应地扫描模型中的缺陷，并可以看到每次扫描的结果，然后确定下一步执行的操作。

1. 缝合自由边

使用【缝合自由边】对话框可连接相邻但未完全连接的边，将间距小于指定公差的自由边进行缝合。【缝合自由边】对话框如图 3-33 所示，需要指定缝合公差，可以采用默认的 0.1mm，也可以输入特定的公差值。

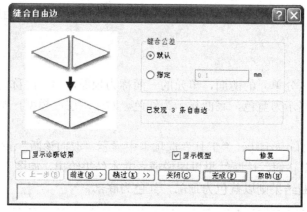

图 3-33 缝合自由边

2. 突出

使用如图 3-34 所示的【突出】对话框可以检测并删除不属于模型表面的任何网格单元。

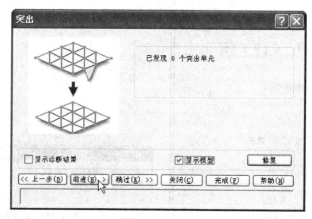

图 3-34 突出

3. 退化单元

通过移动或合并节点提高网格单元的质量。"网格修复向导"可修复的退化单元有两种类型：一是将具有两个或三个靠得很近的节点的单元进行合并；另一种是移动一个与相对边靠得很近的节点到相对边的中点。【退化单元】对话框如图 3-35 所示，可以选择默认公差 0.1mm，也可以指定其他公差值。

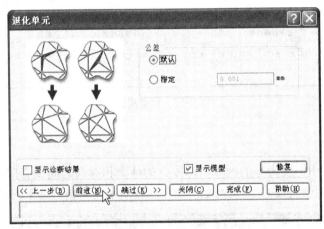

图 3-35　退化单元

4. 反向法线

修正任何未取向单元的取向。如图 3-36 所示为【反向法线】对话框。更正的结果可以在取向图中查看，所有单元在更正后显示为蓝色。

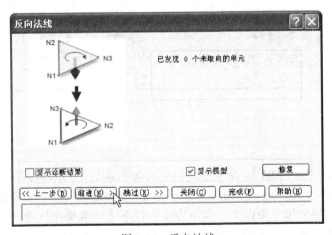

图 3-36　反向法线

5. 修复重叠

检测并删除位于模型的正确表面上的重叠单元。如图 3-37 所示为【修复重叠】对话框。

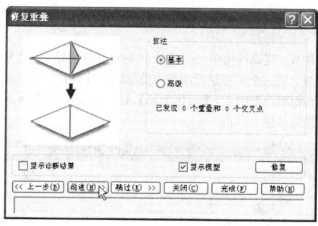

图 3-37 修复重叠

6. 折叠面

可以检查模型中厚度为零的区域，即零件的两个相对面之间没有节点的区域。折叠面会使填充+保压分析变得没有实际意义。如图 3-38 所示为【折叠面】对话框。

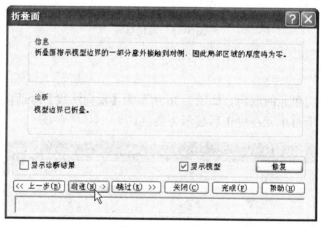

图 3-38 折叠面

7. 纵横比

可以减小所有单元的纵横比。尝试使所有单元的纵横比尽可能接近"目标"框中指定的数字，主要方法是交换三角形边。如图 3-39 所示为【纵横比】对话框，需要指定目标纵横比。

在网格修复向导的每一页面中，其下方均有以下选项或操作按钮。

（1）显示诊断结果。显示诊断结果的图形表示。

（2）显示模型。取消选中该复选框可以隐藏模型（仅显示诊断信息）。

（3）修复。对网格修复向导查找到的当前页（未移至下一页）的缺陷进行修复。

（4）上一步。返回向导的上一页。

（5）前进。对向导查找到的当前页的缺陷进行修复，然后移至下一页。

（6）跳过。向前移至向导的下一页（不修复本页查找的缺陷）。

（7）关闭。关闭向导（未修复任何缺陷）。

（8）完成。对向导的所有页面指定修复的缺陷进行修复，然后移至摘要页面。摘要页面显示找到并已修复的网格缺陷的报告。

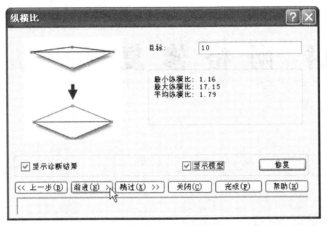

图 3-39　纵横比

> **提示**：在纵横比修复过程中，可以进行多次修复，可能会减少纵横比过大的网格数量。

复习与练习

对如图 3-40 与图 3-41 所示的零件模型进行网格诊断与自动修复。

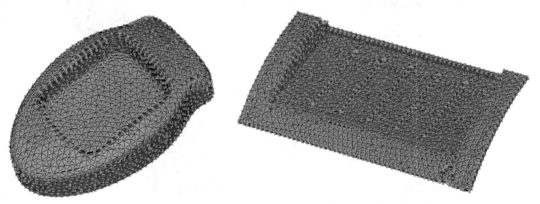

图 3-40　网格模型 1　　　　　　　　　　　图 3-41　网格模型 2

第 4 讲 网 格 修 复

网格诊断结果显示网格质量不理想时，需要对网格进行相应的修复处理，以此来提高整个模型的网格质量，达到分析精度要求。

本讲要点

- 📖 网格自动修补
- 📖 纵横比处理
- 📖 插入节点与合并节点
- 📖 交换公用边
- 📖 网格局部重划分
- 📖 网格节点的处理
- 📖 网格补孔

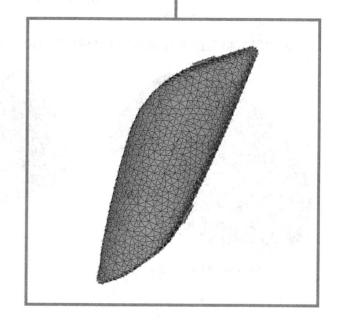

4.1　网格修复示例

以如图 4-1 所示车灯面罩为例，演示网格处理方法。一般情况下，自动划分的网格模型可能会存在网格缺陷，这些缺陷往往是网格质量低下的主要成因，因此需要用户对网格模型进行修补处理，提高网格质量。

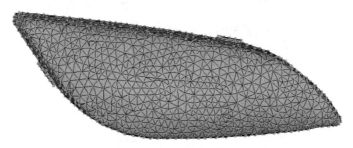

图 4-1　网格模型示例

※ STEP 1　打开工程

在工具栏上单击【打开工程】图标☞。选择正确的文件，并选择 case.mpi，单击【打开】按钮。工程 CASE 被打开，工程窗口将会显示打开的工程。

※ STEP 2　激活工作任务

双击工程视窗中的 dengzhao_Study 任务，灯罩网格模型显示在模型显示区内。

※ STEP 3　显示网格工具条

在工具栏上双击【网格】图标▨，显示【网格】工具栏。

※ STEP 4　修改纵横比

在【网格修复】工具栏上单击 ⌒ 修改纵横比 图标，"工具"选项卡中显示如图 4-2 所示的"修改纵横比"设置界面。在目标最大纵横比中输入 6，单击【应用】按钮进行纵横比修复，完成后将在信息栏提示当前编辑了多少个单元以改善纵横比。

图 4-2　修复纵横比

※ **STEP 5**　整体合并

在【网格修复】工具栏上单击 图标，"工具"选项卡中显示如图 4-3 所示的"整体合并"设置界面。在黄色空格中输入合并公差值为 0.3，单击【应用】按钮，系统将查找相近的单元边并合并节点，在完成后将在信息框内显示已合并的节点数。

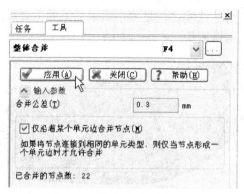

图 4-3　网格整体合并信息框

※ **STEP 6**　网格纵横比诊断

单击 纵横比 图标，"工具"选项卡中示"纵横比诊断"设置界面，指定最小值为 6，如图 4-4 所示。单击【显示】按钮，系统以不同颜色的引出线显示纵横比大小不同的单元，如图 4-5 所示。

图 4-4　纵横比诊断

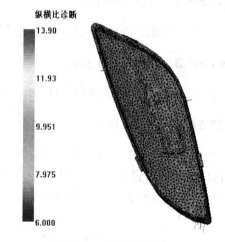

图 4-5　纵横比显示

> **提示：** 进行纵横比诊断后，结果将持续显示，可以引导网格修复过程。

※ **STEP 7**　局部放大显示

使用动态旋转、动态平移、缩放窗口工具将纵横比最大的单元及附近的网格放大显示，如图 4-6 所示。

图 4-6　局部放大

※ STEP 8　交换边

单击 ⤢ 交换边 图标，"工具"选项卡中显示"交换边"设置界面。选中"选择完成时自动应用"复选框，如图 4-7 所示。选择纵横比最大的单元，再选择相邻的纵横比较大的单元，公用边进行了交换，如图 4-8 所示。

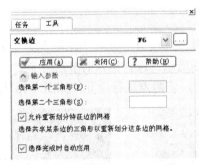

图 4-7　交换边

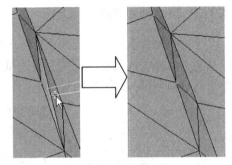

图 4-8　交换边操作

经过这一操作，最大纵横比已经变为 12.38。再单击工具栏上诊断导航器区域中的【下一步】图标⇨，将当前纵横比最大的单元作局部放大显示。

※ STEP 9　插入节点

在【网格修复】工具栏上单击 ✎ 插入节点 图标，"工具"选项卡中显示"插入节点"设置界面，指定创建新节点的位置为"三角形边的中点"，选中"选择完成时自动应用"复选框，如图 4-9 所示。选择纵横比最大的三角形单元的长边线的两个端点，在两者的中点位置将插入一个新节点，如图 4-10 所示。

图 4-9　插入节点

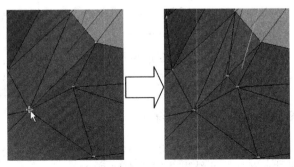

图 4-10　插入节点

※ STEP 10　交换边

单击 ⊹ 交换边 图标，"工具"选项卡中显示"交换边"设置界面。选择新生成的一个单元，再选择相邻的单元交换公用边，如图 4-11 所示。

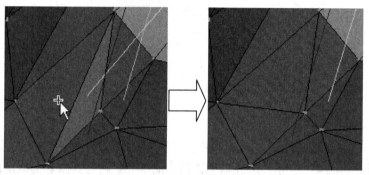

图 4-11　交换边

※ STEP 11　合并节点

在【网格修复】工具栏上单击 ⊹ 合并节点 图标，"工具"选项卡中显示"合并节点"设置界面，选中"选择完成时自动应用"复选框，如图 4-12 所示。选择插入的节点为"要合并到的节点"，再选择与该点邻近的点为"要合并的节点"，将两点进行合并，如图 4-13 所示。

图 4-12　合并节点

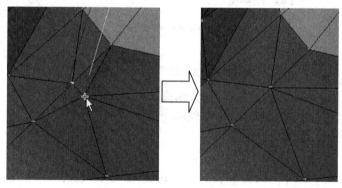

图 4-13　合并节点操作

※ STEP 12　修复单元

应用合并节点、插入节点、交换边等工具将其他纵横比超过 6 的网格单元进行修复。

> **提示：** 纵横比修复是网格修复的主要工作，其他缺陷基本可以由自动修复工具修复。

※ STEP 13　网格状态统计

单击【网格统计】图标，"工具"选项卡中将显示"网格统计"设置界面，单击【显示】按钮显示网格统计结果，如图 4-14 所示。

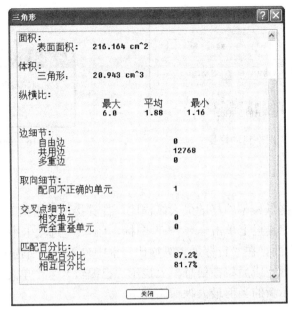

图 4-14　网格统计结果

统计结果显示：当前网格的纵横比最大值为 6，满足分析需要，但是有一个配向不正确的单元。

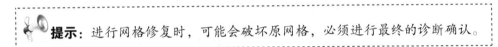

提示：进行网格修复时，可能会破坏原网格，必须进行最终的诊断确认。

※ STEP 14　全部取向

在【网格修复】工具栏中单击 ✎ 全部取向 图标，则所有单元都将作一致的配向。再次进行网格统计，可以发现其配向不正确的单元数目为 0。

※ STEP 15　保存方案

在顶部单击【保存方案】图标 ▣，保存文件。

4.2　网格的自动修复工具

4.2.1　自动修复

Moldflow 提供的网格自动修复功能，能够自动搜索并处理模型中存在的单元交叉和单元重叠问题，但该功能不能完全解决所有网格中存在的问题。

在工具栏中展开【网格修复】工具，单击 ▦ 自动修复 图标，"工具"选项卡中显示如图 4-15 所示的【自动修复】设置界面。

单击【应用】按钮，系统自动修复所有的交叉及重叠网格单元，改善网格的纵横比。完成后将会报告修复情况，如图 4-16 所示。

图 4-15　网格自动修复

图 4-16　网格自动修复结果

4.2.2　修改纵横比

修改纵横比可以降低模型网格的最大纵横比，使其接近所给出的目标值。

在【网格修复】工具栏上单击 修改纵横比图标，"工具"选项卡中显示如图 4-17 所示的【修改纵横比】设置界面。在"目标最大纵横比"框中输入用户所需的数值，单击【应用】按钮开始处理，在处理完成后将在信息栏上显示"已编辑××个单元以提高最大纵横比"。同时在当前页面将显示新的当前最大纵横比。

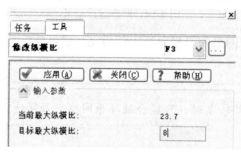

图 4-17　修复纵横比

4.2.3　其他自动修复工具

网格修复向导是最强大的网格修复工具，除此之外，还有以下单项的修复工具。

1．全部取向

使用"全部取向"命令将更正没有取向的所有单元。

2．单元取向

使用"单元取向"命令更正未按照取向的单元，选择单元后，指定"反向"会使选择的单元的取向与原始方向相反；指定"对齐取向"将使所有单元的取向与参考单元的方向相同。

3．缝合自由边

使用"缝合自由边"命令可连接相邻但未完全连接的边。选择节点，并指定公差值，将缝合间距小于指定公差的边。

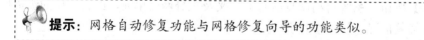

提示：网格自动修复功能与网格修复向导的功能类似。

4.3 节 点 工 具

Moldflow 软件可以实现节点的移动、插入以及合并等功能，用来修正或消除纵横比不理想的单元；这是手工进行网格修整以降低纵横比的最常用手段。

4.3.1 合并节点

使用"合并节点"命令可以将两个节点合并为单个节点。"合并"命令仅对指定的节点起作用。

在【网格修复】工具栏上单击 图标，"工具"选项卡中显示"合并节点"设置界面，如图 4-18 所示。在此对话框的"输入参数"部分，选择要合并到的节点以及要合并的节点。可以输入节点代号，也可以直接在图形上选择节点。选择两个节点后单击【应用】按钮将合并节点，并删除指定节点之间的边及其连接的两个单元，如图 4-19 所示。

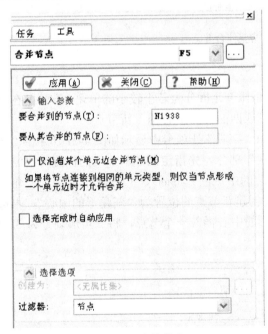

图 4-18　合并节点

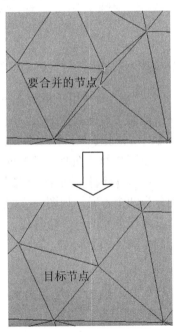

图 4-19　节点合并

如果选中"选择完成时自动应用"复选框，则在选择要合并的节点后，会自动将要合并的点合并到要合并到的节点，而无需单击【应用】按钮。

在图 4-18 所示的对话框的"选择选项"部分，指明是否要使用过滤，如果使用，则需指明过滤类型。许多网格修复工具都涉及节点选择或处理。

> **提示：** 确保零件中的节点可见，并可通过激活层管理窗口中的所需层进行选择。

4.3.2　整体合并

整体合并工具可以搜索并合并所有间距小于合并容差的节点，使用这一工具可以消除部分纵横比较大的网格单元。

单击 ❖ 整体合并 图标，"工具"选项卡中显示如图 4-20 所示的"整体合并"设置界面。在黄色空格中输入合并公差值，单击【应用】按钮，系统将查找相近的单元边并合并节点，在完成后将在信息框内显示合并的节点数。

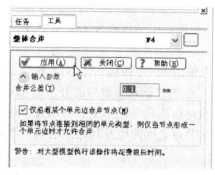

图 4-20　网格整体合并

4.3.3　插入节点

"插入节点"命令用于将现有三角形或四面体单元拆分为若干较小的单元，方法是在三角形某条边的中点插入新节点，或者在三角形或四面体的中心插入新节点。

在【网格修复】工具栏上单击 ✐ 插入节点 图标，"工具"选项卡中显示如图 4-21 所示的"插入节点"设置界面。在此对话框的"输入参数"部分，先指定创建新节点的位置为"三角形边的中点"，再选择边的两个端点，则在其边的中点位置将插入一个节点，并将原三角形单元划分为两个单元，如图 4-22 所示；指定创建新节点的位置为"三角形的中心"，再选择一个三角形单元的三个角落点，将在三角形的中心插入一个节点，将三角形划分为 3 个小单元，如图 4-23 所示。

图 4-21　插入节点

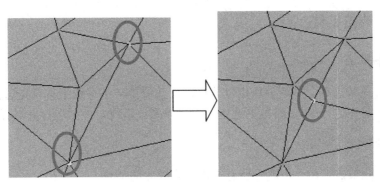

图 4-22　插入节点

> 💡 **提示：** 选择的两个节点必须是一条边的两个端点。
>
> 选择的三个节点必须是一个三角形单元的三个角落。

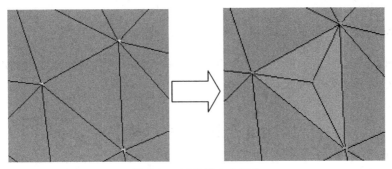

图 4-23　三角形中心插入

4.3.4　移动节点

使用"移动节点"命令可将一个或多个节点移动到绝对位置，或通过相对偏移来移动节点。在【网格修复】工具栏上单击✎ 移动节点图标，"工具"选项卡中显示"移动节点"设置界面，如图 4-24 所示。

首先选择要移动的节点，再指明节点移动的目标位置。目标位置有绝对与相对两种不同的坐标计算方式。假如用户对节点 N2772(-45.35，52.1，-22)沿 Y 轴移动 5mm，则绝对坐标应输入(-45.35，57.1，-22)，相对坐标则输入(0，5，0)，操作结果如图 4-25 所示。

图 4-24　移动节点

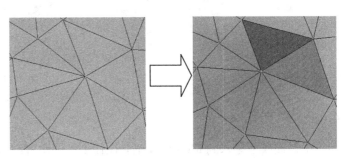

图 4-25　节点的移动

4.3.5　其他节点工具

1．对齐节点

使用"对齐节点"命令可重新定位节点，使其位于一条直线上。首先选择两个节点用于定义直线（对齐边），以便将其他选定节点对齐到该直线，然后选择要对齐的节点。

2．清除节点

使用"清除节点"命令可删除所有未连接到单元的节点。

3．匹配节点

使用"匹配节点"命令可以将节点从双层面网格的一个表面投影到该网格其他表面上的所选三角形，以便在手动修复网格后重建良好的网格匹配。需要选择要投影的节点以及要投影到的三角形。

4．平滑节点

使用"平滑节点"命令可以创建大小相似的单元边长度，从而形成更加均匀的网格，需要选择要进行平滑处理的节点。

4.4　边　工　具

4.4.1　交换边

交换两相邻三角形单元的共用边，可以以此来降低纵横比。单击 交换边 图标，"工具"选项卡中显示如图 4-26 所示的"交换边"设置界面。依次选择两相邻三角形单元，并选中"允许重新划分特征边的网格"复选框，单击【应用】按钮，公用边进行了交换，如图 4-27 所示。选中"选择完成时自动应用"复选框，可以在选择三角形单元后直接交换边。

图 4-26　交换边

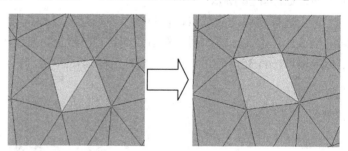

图 4-27　交换公用边

4.4.2　填充孔

中性面模型导入到 Moldflow 后，往往由于圆角等细节部分在网格划分时出现洞孔，此时需要通过网格补孔功能来填补网格上的洞孔。

单击 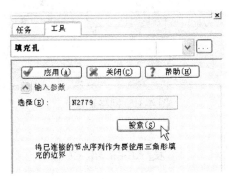 图标，"工具"选项卡中显示如图 4-28 所示的"填充孔"设置界面。手动依次选取洞孔边界上的节点，或者单击孔边界上任意节点，单击【搜索】按钮，系统自动搜索孔边界，并以高亮显示，单击【应用】按钮，完成孔的填补，如图 4-29 所示。

图 4-28　填充孔

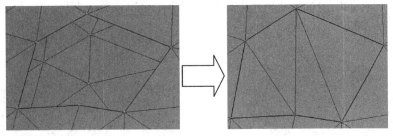

图 4-29　孔的填补

4.4.3　重新划分局部网格

重新划分局部网格功能是对已划分好的网格在某一区域内重新设置网格大小，进行重划分。主要用于对形状复杂的模型进行局部加密或者对形状简单的模型进行局部稀疏。

单击  图标，"工具"选项卡中显示如图 4-30 所示的"重新划分网格"设置界面。选择需要进行网格加密或者稀疏的网格，再输入用户需要的目标边长。单击【应用】按钮，完成网格的局部重新划分，如图 4-31 所示。

图 4-30　重新划分网格

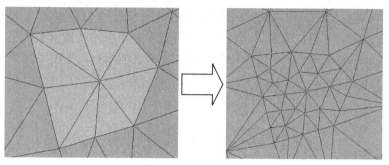

图 4-31　网格重划分

复习与练习

　　对如图 4-32 所示与图 4-33 所示的网格模型进行网格诊断与处理，使其纵横比小于 6，同时没有其他缺陷。

图 4-32　网格模型 1

图 4-33　网格模型 2

第 5 讲 浇口位置分析

Moldflow 提供了丰富的分析类型，包括浇口位置分析、充填分析、流动分析、翘曲分析等。最佳浇口位置分析能获得零件上最合适的浇口位置。通过本讲学习，能应用 Moldflow 进行最佳浇口分析，并对分析的流程有个全面的认识。

本讲要点

- 分析序列选择
- 材料选择
- 浇口位置分析的工艺设置
- 浇口位置分析结果

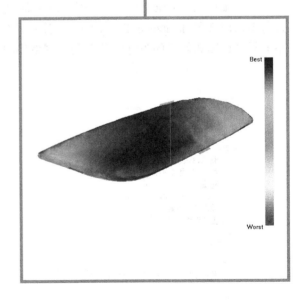

5.1 浇口位置分析示例

用户在设定注射位置之前进行浇口位置分析，依据分析结果设置浇口位置，从而避免由于浇口位置设置不当可能引起得制件缺陷，现以车灯面罩为例进行最佳浇口位置分析，分析结果如图 5-1 所示。

图 5-1 示例模型

※ STEP 1 打开工程

打开工程 case.mpi，此时在工程窗口中显示工程 CASE，双击 📄 dengzhao_Study 图标，方案任务窗口出现了 dengzhao_Study 的分析流程，如图 5-2 所示。在模型窗口显示已经划分网格并经过诊断和修复的车灯面罩双层面网格模型，如图 5-3 所示。

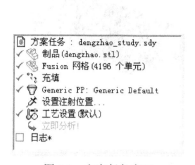

图 5-2 方案任务窗口

图 5-3 网格模型

※ STEP 2 材料选择

双击方案任务窗口中的"材料"图标 ✓🛢 材料：Generic PP: Generic Default，系统将弹出【选择材料】对话框，如图 5-4 所示。

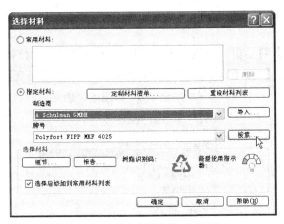

图 5-4　【选择材料】对话框

※ STEP 3　搜索材料

在【选择材料】对话框中，常用材料为空，因此用户需要通过搜索的方式查找材料。单击对话框中的【搜索】按钮，系统弹出如图 5-5 所示的【搜索条件】对话框，搜索字段选择"材料名称缩写"，在子字符串中输入 PC 并选中"精确字符串匹配"复选框；再在搜索字段选择"牌号"，在子字符串中输入 LS2；单击【搜索】按钮，系统将列出符合条件的热塑性材料，如图 5-6 所示。

图 5-5　【搜索条件】对话框

图 5-6　【选择 热塑性材料】对话框

※ STEP 4　选择目标材料

在【选择 热塑性材料】对话框中选择 3 号目标材料，如图 5-6 所示，再单击【选择】按钮。

※ STEP 5 确定材料

返回【选择材料】对话框，该对话框中的"制造商"和"材料编号"已改变为选择的材料。单击【确定】按钮完成材料的选择，方案任务窗口中的材料显示为 ✓ Lexan LS2: SABIC Innovative Plastics_ US，如图 5-7 所示。

图 5-7　方案任务窗口

※ STEP 6 设置分析类型

Moldflow 默认的分析类型为"填充"，双击方案任务窗口中的 填充 图标，打开【选择分析序列】对话框，选择"浇口位置"，如图 5-8 所示。单击【确定】按钮，分析类型已设置为"浇口位置"。

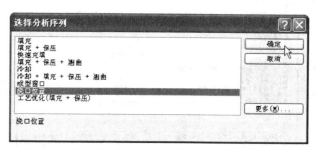

图 5-8　【选择分析序列】对话框

※ STEP 7 工艺设置

双击方案任务窗口中的 工艺设置（默认）图标，系统弹出如图 5-9 所示的对话框，选择浇口定位器算法为"浇口区域定位器"，单击【确定】按钮完成工艺设置。

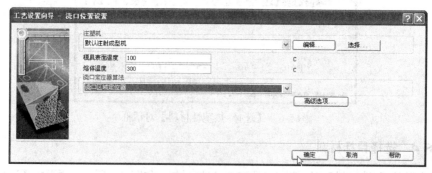

图 5-9　工艺设置

※ STEP 8　分析求解

双击方案任务窗口中的 ![图标] 立即分析! 图标，提交分析，系统弹出如图 5-10 所示的对话框，单击【确定】按钮。分析日志显示浇口位置分析过程信息，如图 5-11 所示，可以查看所需信息。

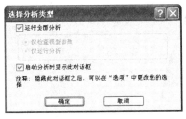

图 5-10　【选择分析类型】对话框

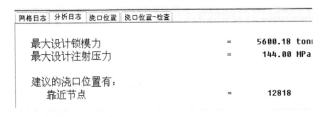

图 5-11　分析日志

当系统给出如图 5-12 所示的"分析：完成"提示信息时，表明最佳浇口位置分析结束，单击【确定】按钮。

图 5-12　分析：完成

※ STEP 9　查看结果

选中方案任务窗口的结果中的 ☑ **最佳浇口位置** 复选框，如图 5-13 所示，在模型显示区域中出现分析结果彩图，如图 5-14 所示。图中以不同的颜色表示不同位置的适合度。

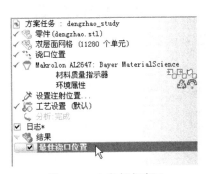

图 5-13　方案任务窗口

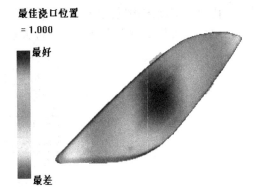

图 5-14　最佳浇口位置

※ STEP 10　检查浇口位置

显示【结果】工具栏，单击 ![图标] 检查 图标，在模型上拾取边线上的偏向蓝色的点，将显示该点的适配值，如图 5-15 所示，可以大致确定合适的浇口位置。

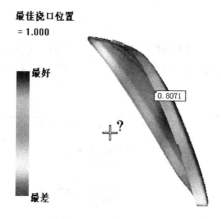

图 5-15　检查浇口位置

※ STEP 11　保存方案

在顶部单击【保存方案】图标■，保存文件。

5.2　分析序列

1.　成型工艺

首先根据所用的分析技术决定适用的成型工艺，成型工艺将决定其所包含的分析序列。

Moldflow 支持的成型工艺和分析包括热注塑成型、热塑性塑料重叠注塑、微发泡注射成型、气体辅助注射成型、共-注成型、注射压缩成型、反应成型、微芯片封装、底层覆晶封装、传递成型或结构反应成型等分析类型。

在主页工具栏上单击成型工艺下拉列表，如图 5-16 所示，可以选择成型工艺。

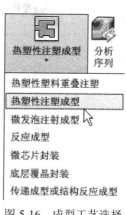

图 5-16　成型工艺选择

> 📢 **提示**：可以选择的成型工艺与网格类型有关，部分分析类型只支持 3D 网格。

2. 分析序列

Moldflow 为用户提供了丰富的分析序列，用户根据预估制件缺陷类型选择对应的分析类型。例如，对薄壁塑料件而言，在成型过程中主要缺陷是翘曲变形和充填不足，因此在设置分析类型时，用户需选择"填充+冷却+保压+翘曲"分析序列。

在主页工具栏上单击【分析序列】图标，或者在任务窗口双击当前的分析类型图标，将显示【选择分析序列】对话框，如图 5-17 所示。单击【更多】按钮，弹出【定制常用分析序列】对话框，如图 5-18 所示，显示更多的分析类型，以及分析类型的组合。

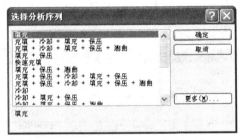

图 5-17　【选择分析序列】对话框

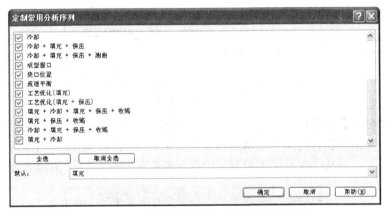

图 5-18　【定制常用分析序列】对话框

选择分析序列后，将在任务方案后以不同的图标表示当前的分析项目。分析序列中基本类型包括有以下几种。

（1）填充分析：模拟熔体从进入模腔开始，到熔体达到模具模腔的末端过程。计算模腔被填满过程中，流动前沿位置。预测制品在相关工艺参数设置下的充填行为，获得最佳浇注系统设计。

（2）保压分析：保压分析可以预测保压阶段模具内的热塑性聚合物的流动，此分析作为填充+保压分析序列的第二部分运行，可用来确定型腔是否能完全填充。目的是获得最佳保压阶段设置。

（3）冷却分析：用来分析模具内的热传递。冷却分析主要包含塑件和模具的温度、冷却时间等。目的是判断制品冷却效果的优劣，计算出冷却时间，确定成型周期时间。

（4）翘曲分析：翘曲分析可用于判定采用热塑性材料成型的制品出现翘曲程度，并分析产生翘曲的成因。

5.3 材 料 选 择

Moldflow 为用户提供了一个内容丰富的材料数据库，供用户选择所需的材料。材料库中包含详细的相关材料特性信息，帮助用户根据材料的特定成型工艺条件设定相对应的成型工艺参数。

进入【成型材料定义】对话框有两种方式：用户可以从工具栏上单击【选择材料】图标 ，或者双击方案任务窗口中的 材料：Generic PP: Generic Default 图标，系统将弹出【选择材料】对话框，如图 5-19 所示。

图 5-19 【选择材料】对话框

在【选择材料】对话框中，可以直接从常用材料中快速选择材料，也可以通过指定材料选择不同的制造商和材料编号，从而选择需要的成型材料。单击"制造商"下的下拉按钮，选择供应商，再从"牌号"下拉列表中选择所需的材料，如图 5-20 所示。

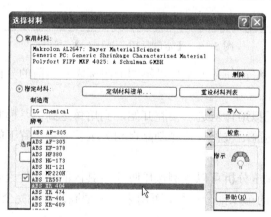

图 5-20 【选择材料】对话框

提示：可以通过"定制材料清单"功能，将用到的材料列入清单，在选择供应商与材料时将只显示清单中的材料。

对于已经选择的材料，单击【细节】按钮来查看该材料的详细信息。用户还可以通过选中"选择后添加到常用材料列表"复选框，将当前材料添加到"常用材料"列表中，方便下次直接选用。

当"常用材料"列表中无所需的材料时，可以借助【搜索】按钮，进行快捷查找。单击【搜索】按钮，系统弹出如图 5-21 所示的【搜索条件】对话框，可以按制造商、牌号、材料名称缩写等字段进行搜索，在子字符串中输入对应的关键词，可以进行组合查询。然后单击【确定】按钮进行搜索。

图 5-21 【搜索条件】对话框

用【搜索】按钮搜索后，系统将弹出一个搜索到的所有符合条件的结果，如图 5-22 所示，可以选择所需材料。

图 5-22 搜索结果

单击图 5-22 中的【细节】按钮，查看材料详细资料，如图 5-23 所示。

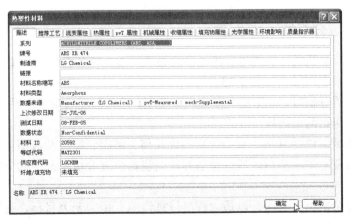

图 5-23 材料详细资料

详细资料包括"描述"、"推荐工艺"、"流变属性"、"热属性"、"pvT 属性"、"机械属性"、"收缩属性"、"填充物属性"、"光学属性"等多个选项卡。选择"推荐工艺"选项卡，显示如图 5-24 所示的成型条件参数。

图 5-24　推荐工艺

Moldflow 根据材料的特性向用户推荐的成型工艺条件，对用户分析工艺条件具有一定的参考价值。推荐工艺成型条件，其参数包括模具表面温度、熔体温度、模具温度范围、熔体温度范围、顶出温度和材料的最大剪切速率等。

5.4　浇口位置分析

浇口位置分析能够自动分析出最佳浇口的位置，此分析通常作为完整填充+保压分析的初步输入使用。

浇口位置的设定直接关系到熔体在模具内的流动，合理的浇口选择在模具设计中是非常重要的，分析得到的结果将以不同颜色显示，通过浇口位置分析得到的最佳浇口位置可能由于模具结构限制而不能作为实际的浇口位置，但对于用户设计浇口选择合理位置能提供很好的参考。

5.4.1　浇口位置分析的工艺设置

进行浇口位置分析前，需要进行工艺条件设置，双击任务窗口中的【工艺设置】图标，将打开工艺参数设置向导，如图 5-25 所示。

进行浇口位置分析时，注塑机、模具表面温度、熔体温度通常采用系统推荐的默认值。浇口定位器算法包括两个选项：

（1）浇口区域定位器算法。将会使用零件几何、流阻、厚度和成型可行性，在分析后找出最佳浇口位置。采用浇口区域定位器算法的浇口位置分析将产生的分析结果为"最佳浇口位置"。

（2）高级浇口定位器算法。以最大程度降低流阻（压力）为目标，使用此算法在一次分析中放置多个浇口。采用浇口高级定位器算法的浇口位置分析将产生的分析结果为"流阻指示器",如果只有一个浇口,分析结果还包括"浇口匹配性"。

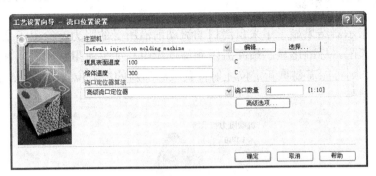

图 5-25 工艺设置向导

5.4.2 浇口位置分析结果

采用浇口区域定位器算法的浇口位置分析,产生的分析结果为"最佳浇口位置";采用浇口区域定位器算法的浇口位置分析,产生的分析结果为"流动阻力指示器"与"浇口匹配性"。

1.最佳浇口位置

浇口位置分析结果可评定模型上各个位置作为注射位置的匹配性。此结果是利用浇口区域定位器算法输出的,最匹配区域按匹配性最高(最佳)到匹配性最低(最差)划分。

如果模型上没有设定注射位置,则浇口位置分析会根据所选材料为一个浇口确定最佳位置。而如果已存在一个或多个注射位置时,分析结果将为下一个注射位置推荐最佳位置,它将平衡流动,以使从各个浇口填充的区域能够同时填满。

如图 5-26 所示为最佳浇口位置的分析结果,蓝色表示最好的位置,而红色表示最差的区域。在实际设计中,可以参考该分析结果选择相对较好的浇口位置。

可以通过结果的检查来确定某一节点作为浇口位置的因子,因子越大,其合理性越好,反之则越差。在工具栏中打开【结果】工具栏,再单击检查图标,可以在图形上拾取节点以显示其因子,如图 5-27 所示。

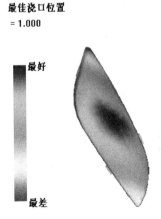

图 5-26 最佳浇口位置

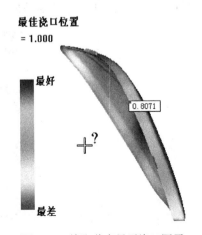

图 5-27 拾取节点显示浇口因子

2. 流动阻力指示器

流动阻力指示器结果显示了来自浇口的流动前沿所受的阻力，给出了来自浇口位置的流动前沿处的流阻，标准化显示最高流阻到最低流阻。如果流阻从注射位置到流动路径末端分布不均匀，则可能需要重新定位注射位置或添加新的注射位置。如图 5-28 所示为流动阻力指示分析结果。

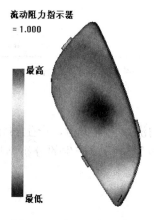

图 5-28　流动阻力指示器

3. 浇口匹配性

结果可评定模型中各位置作为注射位置的匹配性。浇口匹配性结果是在浇口位置分析中使用"高级浇口定位器"算法并且浇口数量设为"1"时产生的。高级浇口定位器算法以最大程度减小流阻为原则，确定第一个也是唯一一个注射位置的最佳浇口位置。如果模型上没有限制性浇口节点，则浇口位置分析将评定整个零件的浇口匹配性，并创建一个研究副本以便将浇口放置在分析过程中发现的最佳位置上。

如图 5-29 所示为浇口匹配性结果显示，图中显示的匹配区域值得继续作为潜在的注射位置。颜色相同的区域表示匹配度相同的位置，蓝色区域表示浇口匹配性最好的区域，最适合做注射位置；而红色区域则是最不适合作为浇口位置的区域。

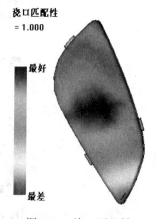

图 5-29　浇口匹配性

可以通过结果的检查来确定某一节点作为浇口位置的因子，因子越大，其合理越好，反之则越差。

> 🔊 **提示：** 按住 Ctrl 键可以拾取多个点进行检查比较。

复习与练习

对图 5-30 所示的模型进行浇口位置分析，得出推荐浇口位置。

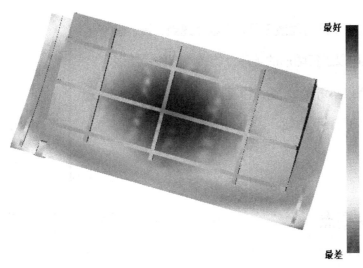

图 5-30　最佳浇口位置分析

第 *6* 讲 几 何 建 模

Moldflow 提供了几何建模工具，可以创建点、线、面等基本图形，并且可以进行图形的平移、旋转、缩放、镜像、移动与复制等。通过本讲学习，读者可掌握 Moldflow 中节点、曲线的创建、移动与复制功能。

本讲要点

- 模具布局
- 创建节点
- 创建曲线
- 移动与复制
- 型腔重复向导

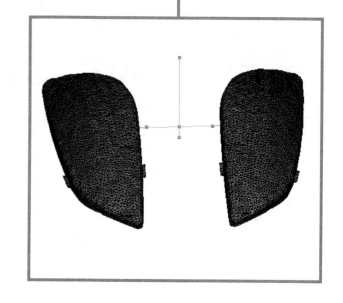

6.1 对称型腔布局与浇注系统中心线创建示例

本例的车灯面罩模型为对称的左右两件，零件结构形状完全一致，可以通过镜像方法创建一模两腔的型腔布局。在 Moldflow 中可以通过几何建模工具中的"镜像"命令进行创建。本例同时为这一模具构建浇注系统的中心线，包括浇口、主流道、分流道的中心线。完成的示例模型如图 6-1 所示。

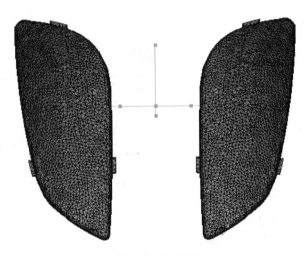

图 6-1　示例模型

※ STEP 1　打开工程

单击工具栏上的【打开工程】图标📂，系统弹出【打开工程】对话框，选择文件路径，再选择 case.mpi，单击【打开】按钮，并双击任务窗口中的 📄 dengzhao_Study 图标，方案任务窗口出现了 dengzhao_Study 的分析流程。在模型区域显示已经划分网格并经过诊断和修复的车灯面罩双层面网格模型，如图 6-2 所示。

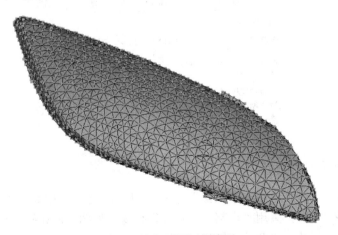

图 6-2　车灯面罩网格模型

※ STEP 2　平移

在工具栏上单击【几何】图标，显示【几何】工具栏，选择"移动"下拉菜单中的"平移"选项，如图6-3所示。系统将显示如图6-4所示的提示信息，单击【创建副本】按钮复制一个方案任务而保留前面所做的浇口位置分析结果。

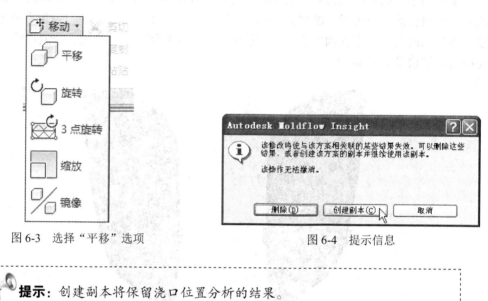

图6-3　选择"平移"选项　　　　　　　　　　图6-4　提示信息

> **提示**：创建副本将保留浇口位置分析的结果。

"工具"选项卡中显示"平移"设置界面，框选整个模型，此时在选择空白框中出现模型所有节点，在"矢量"文本框中填入"0，-20，0"，如图6-5所示，单击【应用】按钮，整个模型将会朝Y轴负方向移动20mm。

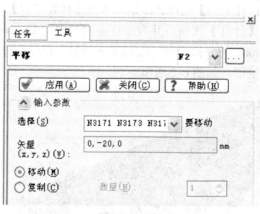

图6-5　平移

※ STEP 3　镜像

选择"移动"下拉菜单中的"镜像"选项，"工具"选项卡中显示"镜像"设置界面，镜像平面为"XZ平面"，采用"复制"方式进行镜像，如图6-6所示。单击【应用】按钮，模型将会被镜像，创建一模两腔的模型，如图6-7所示。

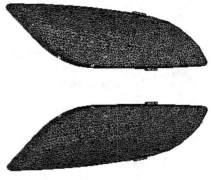

图 6-6 镜像   图 6-7 镜像

※ STEP 4 新建层

在层管理窗口中单击【新建层】图标▢，将增加一个新建层，指定其名称为"浇口"；再新建层"流道"层，如图 6-8 所示。

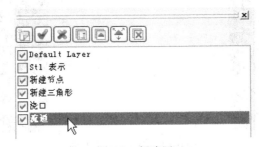

图 6-8 新建层

> 提示：将不同性质的对象放置在不同图层中进行管理，可以方便选择。

※ STEP 5 绘制浇口中心直线

在层管理窗口中选择"浇口"层，单击曲线下的【直线】图标，"工具"选项卡中显示"直线"设置界面，拾取前一分析结果中显示的在边缘位置最合适的浇口位置上的点为第一点坐标，如图 6-9 所示；指定第二坐标采用"相对"方式，输入"0 -5 0"，如图 6-10 所示，单击【应用】按钮创建直线，如图 6-11 所示。

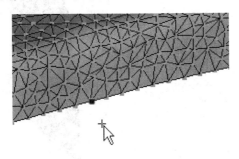

图 6-9 选择起点

图 6-10　创建直线

图 6-11　浇口中心线

按照同样的方法创建另一型腔的浇口中心线，操作结果如图 6-12 所示。

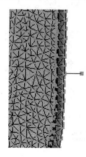

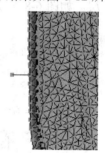

图 6-12　创建浇口中心线

※ STEP 6　坐标中间创建节点

在层管理窗口选择"流道"层，选择"创建节点"→"坐标中间创建节点"命令，"工具"选项卡中显示"坐标中间创建节点"设置界面，如图 6-13 所示。选择两个浇口末端节点（点 1、点 2），单击【应用】按钮，生成中间的节点，如图 6-14 所示。

图 6-13　坐标中间创建节点

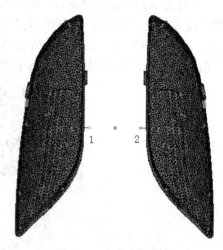

图 6-14　生成中间节点

📢 **提示**：自由节点的中间可以创建节点。

※ **STEP 7** 偏移创建节点

选择"创建节点"→"偏移创建节点"命令，"工具"选项卡中显示"偏移创建节点"设置界面，如图 6-15 所示。选择前一步骤创建的中间节点（点 3），设置偏移值为"0 0 50"，单击【应用】按钮，生成上方的顶部节点（点 4）；再次选择前一步骤创建的中间节点（点 3），设置偏移值为"0 0 -8"，单击【应用】按钮，生成下方的一个节点（点 5），如图 6-16 所示。

图 6-15　偏移创建节点

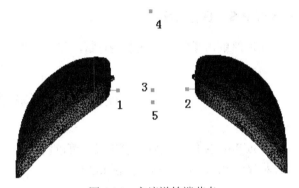

图 6-16　主流道始端节点

※ **STEP 8** 绘制直线

单击曲线下的【直线】图标，"工具"选项卡中显示"创建直线"设置界面，如图 6-17 所示，拾取点 1，再拾取点 3，并取消选中"自动在曲线末端创建节点"复选框，单击【应用】按钮创建直线，如图 6-18 所示。

图 6-17　创建直线

图 6-18　创建直线 1

再依次创建点 3 与点 2 间的直线、点 4 与点 3 间的直线、点 3 与点 5 间的直线，完成创建的直线如图 6-19 所示。

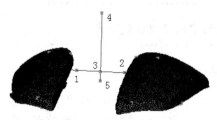

图 6-19　创建直线 2

> 📢 **提示：** 连接直线时必须按线段进行连接，不能直接连接点 1、点 3，否则可能导致创建的流道不连通。

※ **STEP 9**　保存方案

在顶部单击【保存方案】图标🖫，保存文件。

6.2　几何建模工具

Moldflow 提供了几何建模工具，可以创建节点、曲线与区域。在工具栏上单击【几何】图标将显示几何建模工具，如图 6-20 所示。

图 6-20　几何工具

6.2.1　创建节点

节点是一种建模实体，用于定义空间中的坐标位置，同时节点也是其他模型的基础。单击 ⁄ 节点 · 图标将出现以下下拉命令。

1.　坐标创建节点

在指定的坐标位置创建节点，选择 xyz 按坐标创建节点，显示如图 6-21 所示的"工具"选项卡，指定坐标值再单击【应用】按钮创建节点。坐标位置可以直接输入，也可以在图形区选择捕捉到的点坐标。

图 6-21　坐标创建节点

2. 坐标中间创建节点

在选择的两个坐标之间的假想直线上创建节点。选择 坐标中间创建节点，显示如图 6-22 所示的"工具"选项卡，指定两个点的坐标值，并指定创建的节点数，再单击【应用】按钮创建节点。选中"选择完成时自动应用"复选框，在选择两个节点后将直接创建节点，无需单击【应用】按钮，需要连续创建时尤其方便。

图 6-22 从标中间创建节点

3. 平分曲线创建节点

在所选曲线上创建指定数量的等间距节点。选择 平分曲线创建节点，显示如图 6-23 所示的"工具"选项卡，选择一条曲线，并指定创建的节点数，再单击【应用】按钮创建节点。选中"在曲线末端创建节点"复选框则包含末端，否则将不包含末端，曲线的分段数要比包含多两段。

图 6-23 平分曲线创建节点

4. 偏移创建节点

相对于现有节点以指定的距离创建新节点。选择 偏移创建节点，显示如图 6-24 所示的"工具"选项卡，选择作为基准的节点，并设置各个方向的偏移值，再指定要创建的节点数，单击【应用】按钮创建节点。

图 6-24 偏移创建节点

5. 交点

用于在两条曲线的交点处创建节点。选择 ✕ 交点 指令，显示如图 6-25 所示的"工具"选项卡，选择相交的两条曲线，再单击【应用】按钮创建节点。

图 6-25　交点

6.2.2　创建曲线

曲线是模型上的几何线，曲线与节点和区域，都是模型的构建块。

1. 创建直线

在指定的两个坐标点之间创建直线。选择 ╱ 创建直线，显示如图 6-26 所示的"工具"选项卡，指定第一点，再指定第二点，单击【应用】按钮创建节点。指定第二点时，可以使用绝对坐标或者相对坐标。

图 6-26　创建直线

创建曲线时如选中了"自动在曲线末端创建节点"复选框，此时可在曲线末端创建端点，否则不创建末端的节点。

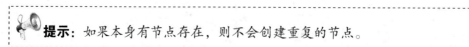

提示：如果本身有节点存在，则不会创建重复的节点。

2. 点创建圆弧

通过指定的 3 个坐标创建圆弧或圆。选择 点创建圆弧，显示如图 6-27 所示的"工具"选项卡，指定第一点，再指定第二点与第三点，单击【应用】按钮创建通过 3 个节点的圆或圆弧。可选中面板上的"圆弧"或"圆形"单选按钮创建圆弧或圆。

图 6-27　点创建圆弧

3. 角度创建圆弧

通过指定的中心点、半径、开始角度和结束角度创建圆弧或圆。选择 角度创建圆弧，显示如图 6-28 所示的"工具"选项卡，指定圆弧中心，再指定半径与开始角度、结束角度，单击【应用】按钮创建圆弧。

图 6-28　角度创建圆弧

4. 样条曲线

通过指定点生成光顺的曲线。

5. 连接曲线

创建连接现有两条曲线的曲线，连接曲线命令通常用于对冷却软管进行建模。

6. 断开曲线

在曲线的交叉点处断开现有曲线来创建新曲线。

6.2.3 移动与复制

【几何】工具栏的"移动"下拉菜单中包括平移、旋转、三点旋转、缩放、镜像 5 种移动/复制模型的工具。

1. 平移

选择 平移，"工具"选项卡中显示如图 6-29 所示的"平移"设置界面，首先选择要移动的模型对象，再指定移动的矢量距离，指定处理方式为"移动"或"复制"，单击【应用】按钮移动或复制对象。

图 6-29　平移

在"移动"的各个工具的页面下，都有"移动"与"复制"的单选按钮。选中"移动"单选按钮，将对象移动到新位置，同时删除原始位置的对象；选中"复制"单选按钮，保留原始位置的对象，并将对象复制到新位置。

2. 旋转

选择 旋转，"工具"选项卡中显示如图 6-30 所示的"旋转"设置界面，首先选择要移动的模型对象，再指定旋转轴方向与参考点，设置旋转角度，指定处理方式为"移动"或"复制"，单击【应用】按钮旋转对象。

图 6-30　旋转

3. 三点旋转

通过指定新原点、X 轴上的一点和 XY 平面上的另外一点来移动或复制单元。

4. 缩放

选择 缩放，"工具"选项卡中显示如图 6-31 所示的"缩放"设置界面，选择"移动"或"复制"单选按钮，设置基准参考点位置，再指定比例因子来调整大小。

图 6-31 缩放

5. 镜像

选择 镜像，"工具"选项卡中显示如图 6-32 所示的"镜像"设置界面，选择"移动"或"复制"单选按钮，相对于某个平面进行镜像。

图 6-32 镜像

6.3 型腔重复

通过型腔重复向导可以创建标准的多型腔布置，在【几何】工具栏上单击 型腔重复 图标，弹出【型腔重复向导】对话框，如图 6-33 所示。

设置型腔数并指定列数或者行数，指定列间距与行间距，系统将自动生成标准分布的一模多腔的型腔。

提示：系统将当前的模型作陈列，可以将包括通过镜像产生的模型同时作重复分布。

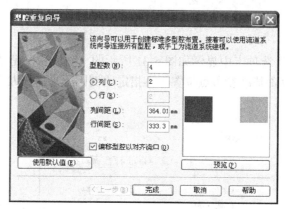

图 6-33　【型腔重复向导】对话框

复习与练习

创建如图 6-34 所示零件的一模两腔布局。

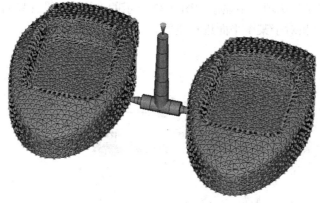

图 6-34　创建一模两穴模型

第 7 讲 浇注系统创建

Moldflow 提供了两种创建浇注系统的方法，分别为手工创建和采用向导创建，采用流道系统向导可以自动创建规则的浇注系统，包括浇口、分流道与主流道；而采用手工方式则可以通过对绘制的曲线指定属性的方法创建浇注系统。通过本讲学习，读者可掌握 Moldflow 浇注系统的创建方法。

本讲要点

- 📖 手工创建浇注系统
- 📖 柱体属性设置
- 📖 流道系统向导
- 📖 浇口与流道网格划分

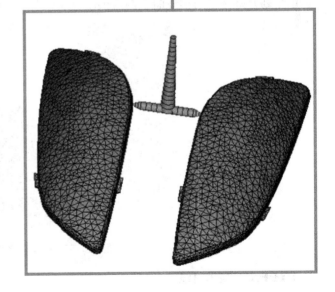

7.1 浇注系统创建应用示例

浇注系统是塑料熔体从注塑机喷嘴出来后，到达模腔之前在模具中流经的通道。浇注系统的设计直接影响塑料制品内在质量和外观，并且影响生产效率。本例通过将前面创建的中心线指定属性的方法来创建车灯面罩的浇注系统，示例模型如图 7-1 所示。

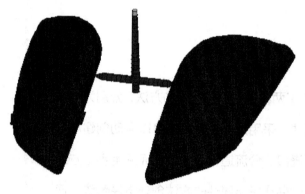

图 7-1　示例模型

※ STEP 1　打开工程

单击工具栏上的【打开工程】图标☞，系统弹出【打开工程】对话框，选择文件路径，再选择 case.mpi，单击【打开】按钮，并双击任务窗口中的 📄 dengzhao 图标，在模型区域将显示已经划分好网格的车灯面罩网格模型以及绘制的直线，如图 7-2 所示。

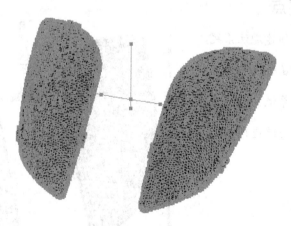

图 7-2　车灯面罩网格模型

※ STEP 2　显示直线

在层管理窗口中，取消选中"新建三角形"与"新建节点"复选框，在图形上将不显示网格，只显示绘制的直线与节点，如图 7-3 所示（图中 L1～L6 为添加的标识）。

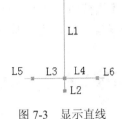

图 7-3　显示直线

※ **STEP 3**　更改直线属性类型

选择主流道中心线（L1）并右击，在弹出的快捷菜单中选择"更改属性类型"命令，如图 7-4 所示，系统弹出【将属性类型更改为】对话框，选择"冷主流道"，如图 7-5 所示，单击【确定】按钮更改直线属性。

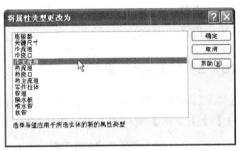

图 7-4　选择"更改属性类型"命令　　　　图 7-5　【将属性类型更改为】对话框

按住键盘上的 Ctrl 键，选择流道中心线与冷料中心线（L2、L3、L4）并右击，在弹出的快捷菜单中选择"更改属性类型"命令，系统弹出【将属性类型更改为】对话框，选择"冷流道"，单击【确定】按钮更改直线属性。

选择浇口中心线（L5、L6），将属性类型更改为"冷浇口"。

※ **STEP 4**　指定浇口属性

选择浇口中心线（L5）并右击，在弹出的快捷菜单中选择"属性"命令，弹出如图 7-6 所示【冷浇口】对话框。设定截面形状是"圆形"，形状是"锥体（由端部尺寸）"。

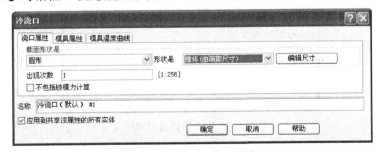

图 7-6　【冷浇口】对话框

提示：选中"应用到共享该属性的所有实体"复选框，则所有的浇口具备同样的属性。

单击【编辑尺寸】按钮，弹出【横截面尺寸】对话框，设定始端直径为 1.5mm，末端直径为 5mm，如图 7-7 所示，单击【确定】按钮，返回【冷浇口】对话框，确定完成浇口属性的设置。

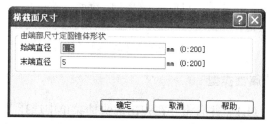

图 7-7　浇口截面尺寸定义

> **提示：** 始端与末端是由直线绘制时决定的，如果始端错误，则网格划分将显示错误的方向。

※ STEP 5　指定主流道属性

选择主流道中心线（L1）并右击，在弹出的快捷菜单中选择"属性"命令，弹出如图 7-8 所示的【冷主流道】对话框，设定形状是"锥体（由角度）"。

图 7-8　【冷主流道】对话框

单击【编辑尺寸】按钮，弹出【横截面尺寸】对话框，设定始端直径为 3.5mm，锥体角度为 1.5deg，如图 7-9 所示，单击【确定】按钮，返回【冷主流道】对话框，确定完成主流道属性的设置。

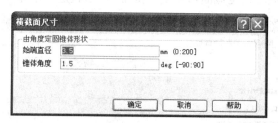

图 7-9　主流道横截面尺寸定义

※ STEP 6　指定分流道属性

选择分流道中心线（L3）并右击，在弹出的快捷菜单中选择"属性"命令，弹出如图 7-10 所示的【冷流道】对话框，设定截面形状是"圆形"，形状是"非锥体"，选中"应用到共享该属性的所有实体"复选框。

图 7-10　【冷流道】对话框

单击【编辑尺寸】按钮，弹出【横截面尺寸】对话框，设定直径为 5mm，如图 7-11 所示，单击【确定】按钮，返回【冷流道】对话框，确定完成流道属性的设置。

图 7-11　流道截面尺寸定义

※ STEP 7　浇口网格划分

在层管理窗口中取消选中除"浇口"以外的所有层，在图形区仅显示浇口直线，如图 7-12 所示。显示【网格】工具栏，单击【生成网格】图标，"工具"选项卡中显示"生成网格"设置界面，如图 7-13 所示，指定全局网格边长为 1.5mm，单击【立即划分网格】按钮，生成如图 7-14 所示的浇口网格。

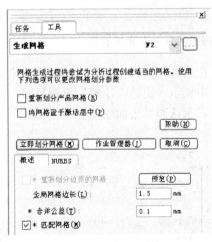

图 7-12　浇口中心线

图 7-13　生成网格

图 7-14　浇口网格划分结果

📢**提示**：浇口部分尺寸较小，因而需要使用相对较小的全局网格边长。

※ **STEP 8** 主流道和分流道网格划分

在层管理窗口中，关闭"浇口"层，显示"流道"层，选择"新建柱体"层。单击【生成网格】图标，"工具"选项卡中显示"生成网格"设置界面，如图7-15所示，指定全局网格边长为3mm，再选中"将网格置于激活层中"复选框，单击【立即划分网格】按钮，生成如图7-16所示的浇口网格。

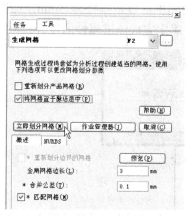

图 7-15　生成网格

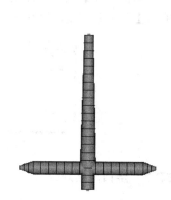

图 7-16　流道网格划分结果

📢**提示**：通过"将网格置于激活层中"复选框，可以将流道的网格与浇口网格置于同一层。

※ **STEP 9** 连通性诊断

在层管理窗口中，显示"新建三角形"层。单击网格诊断中的 连通性 图标，"工具"选项卡中显示"连通性诊断"设置界面，如图7-17所示，选择任一单元格，单击【显示】按钮，显示诊断结果如图7-18所示。

图 7-17　连通性诊断

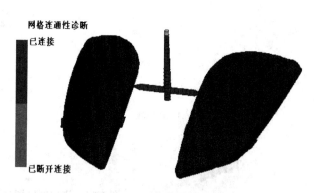

图 7-18　网格连通性诊断

※ STEP 10　设定注射位置

双击任务视窗中的 ✗ 设定注射位置(S)... 图标，此时光标由 ↖ 变为 ⁺⟨，选择主流道顶端的节点为注射位置，如图 7-19 所示。

图 7-19　设定注射位置

※ STEP 11　保存方案

在顶部单击【保存方案】图标 🖬，保存文件。

7.2　属 性 类 型

Moldflow 可以为创建的曲线指定属性，从而使曲线作为流道、冷却管等。在绘制曲线时，可以直接将曲线指定为某一类型。也可以选择曲线，变更其属性类型，再进行属性设置。

在创建曲线的工具页下方，有"选择选项"，包括"创建为"选项，可以为创建的曲线指定属性，如图 7-20 所示。单击其后方的 ⬜ 按钮，弹出【指定属性】对话框，在列表中将列出当前使用过的曲线属性，单击【选择】按钮，可以选择属性类型，并从库中选择对应指定尺寸的属性。

单击【新建】按钮，如图 7-21 所示，先选择属性类型，系统将弹出对应属性类型的对话框，可以指定该属性的形状与尺寸，如图 7-22 所示为冷流道的属性对话框。

图 7-20　创建直线

图 7-21　指定属性

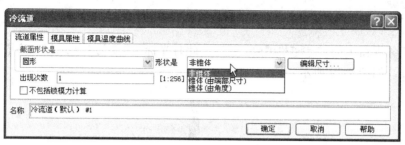

图 7-22　冷流道属性

对于指定为浇口、流道、主流道的属性，其属性基本相同，需要指定截面形状与形状。截面形状可以选择圆形、矩形、半圆形、梯形、U 形、其他形状；形状可以选择非锥体、锥体（由端部尺寸）、锥体（由角度）。非锥体的流道两端尺寸相同，只需指定直径；锥体（由端部尺寸）则需要指定始端直径与末端直径；锥体（由角度）则需要指定始端直径与锥体角度。

7.3　设定注射位置

单击【主页】工具栏上"成型工艺设置"中的【注射位置】图标，或者双击方案任务窗口中的 设定注射位置(S)... 图标，进行注射位置设定。此时光标由 变为 ，选择节点作为注射位置，在选择点上将显示注射位置标识，如图 7-23 所示。

选择完成后，在任务视窗将显示"N 个注射位置"。

> 提示：注射位置不是实体，无法直接删除。如要删除，必须进入"设置注射位置"界面才能拾取注射位置标记，将其删除。

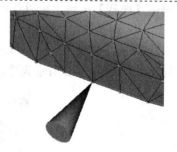

图 7-23　指定注射位置

7.4　流　道　系　统

流道系统向导指导完成创建浇注系统的过程，使用此向导可定义主流道、流道、竖直流道和浇口以生成完整的浇注系统。

在【几何】工具栏上单击 流道系统 图标，将依次出现布置、流道、浇口的设置选项。

提示：创建流道系统前必须先设定注射位置。

1. 布置

用于根据模型上设置的一个或多个注射位置指定主流道位置和流道系统类型。

指定主流道位置，可以直接输入 X、Y 的距离，也可以通过单击【模型中心】或者【浇口中心】按钮来确定主流道的位置。

如果采用热流道，则需要选中"使用热流道系统"复选框。

分型面 Z 指定流道中心所在平面位置，对于直浇口而言，必须指定其分型面 Z。而边浇口则可以通过选择"浇口平面"指令。

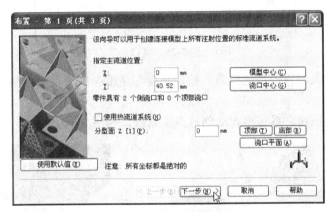

图 7-24　布置

2. 注入口/流道/竖直流道

完成设置后单击【下一步】按钮，进入向导第二页，如图 7-25 所示。用于指定浇注系统的主流道、流道和竖直流道的几何信息。

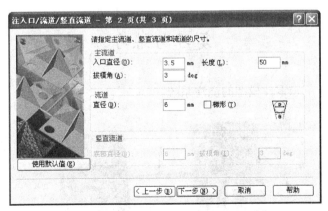

图 7-25　流道

设置主流道的入口直径、长度与拔模角；再设置流道的直径与形状；如果有直浇口存在，则还需要指定竖直流道的底部直径与拔模角。

3．浇口

单击【下一步】按钮，进入向导第三页进行浇口设置，如图 7-26 所示。用于指定浇注系统中浇口的几何信息。

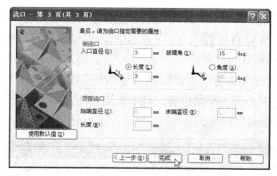

图 7-26　浇口

设置侧浇口的入口直径与拔模角，指定长度与角度；或者设置顶部浇口的始端直径、末端直径与长度。

单击【完成】按钮，系统将自动创建浇注系统，如图 7-27 所示。

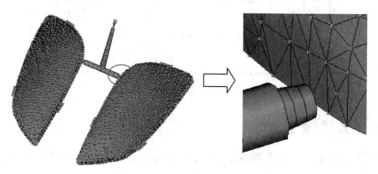

图 7-27　浇注系统设置完毕

复习与练习

建立如图 7-28 所示零件模型的浇注系统。

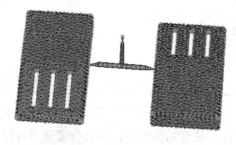

图 7-28　浇注系统

第 8 讲　冷却系统创建

　　冷却系统创建方法分为向导创建和手工创建。手工方式可以通过创建直线或柱体，再指定其属性为管道来创建冷水管，使用向导方式则依据指定的间距与数量自动创建规则分布的冷却水管。通过本讲的学习，读者能够掌握 Moldflow 冷却系统的构建。

 **本讲要点**

  📖 冷却系统手工创建方法

  📖 冷却系统向导

  📖 冷却系统网格划分

  📖 冷却系统进水口设置

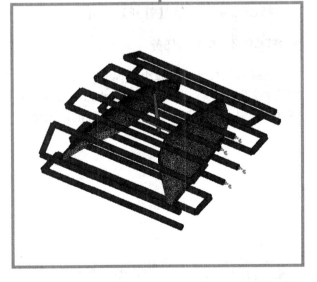

8.1 冷却系统创建示例

采用向导创建的冷却系统只适用于制品结构比较规则的情况下。对于结构比较复杂，不规则的制品来说，需要采用手工方式进行冷却系统构建。手工创建冷却系统需要创建管道中心，再指定其属性，示例模型如图 8-1 所示。

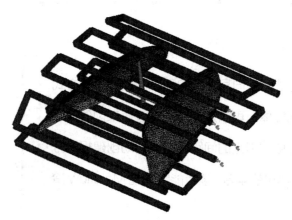

图 8-1 冷却系统构建

※ STEP 1 打开工程

单击工具栏上的【打开工程】图标 ☞，系统将弹出【打开】对话框，选择文件路径，再选择 case.mpi，单击【打开】按钮。

※ STEP 2 重命名任务

选择方案任务"dengzhao_study（复制品）"，再次单击任务名称，将可以进行重命名，如图 8-2 所示，将其命名为 dengzhao，如图 8-3 所示。双击打开方案任务 dengzhao，在模型区域将显示已经划分好网格的车灯面罩网格模型，如图 8-4 所示。

图 8-2 复制工程

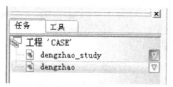

图 8-3 重命名

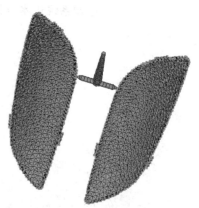

图 8-4 网格模型

※ STEP 3　设置分析类型

单击工具栏上的【分析序列】图标⬚，打开【选择分析序列】对话框，选择"冷却"，如图 8-5 所示。单击【确定】按钮，分析类型已设置为"冷却"，在任务窗口显示分析类型为"冷却"，并显示有"创建冷却回路"任务，如图 8-6 所示。

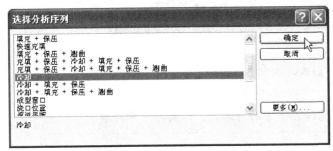

图 8-5　选择分析序列　　　　　　　　　　图 8-6　方案任务窗口

提示：采用手工创建冷却系统的方法可以不改变分析序列。

※ STEP 4　新建层

在层管理窗口中单击【新建层】图标⬚，将增加一个新建层，指定其名称为"冷却系统"，如图 8-7 所示。

※ STEP 5　复制节点 1

为了让冷却管贴近制品表面，达到良好的冷却效果，需要采用手工方式布局冷却系统。首先采用节点的移动和复制方式，确定冷却管的位置。

在工具栏上单击【几何】图标，显示【几何】工具栏，单击移动下的【平移】图标，"工具"选项卡中将显示"平移"设置界面，如图 8-8 所示。选择节点 N3089，节点位置为如图 8-9 所示的红色圆圈标记处，输入向量为"-10 -20 -15"，以"复制"的方式复制节点。单击【应用】按钮，复制的节点如图 8-9 所示，编号为 1。

图 8-7　新建层

图 8-8　平移

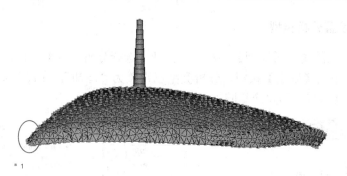

图 8-9　复制第一个节点

> **提示**：N3089 为参考，选择左下方的角落点，以实际点号为准。

※ STEP 6　复制 7 个节点

将编号为 1 的节点按 X 轴方向，以间距为 30mm 阵列 7 个。选择刚复制生成的节点 1，在平移信息窗口中输入矢量为 30，平移方式为"复制"，数量为 7，如图 8-10 所示。单击【应用】按钮，生成的节点如图 8-11 所示（编号为 2～8）。

图 8-10　移动/复制单元

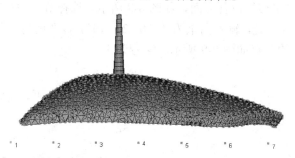

图 8-11　复制 7 个节点

> **提示**：矢量值只有 1 个数字表示 Y、Z 值为 0。

※ STEP 7　复制上方节点

为了使冷却管贴近制品表面，分别对各个节点进行复制移动。分别选择节点，在"平移"设置界面中输入各节点的移动矢量进行复制。节点 1 复制矢量为"0 0 25",节点 2 复制向量为"0 0 50",节点 3 与节点 4 复制向量为"0 0 55",节点 5 复制向量为"0 0 50",节点 6 复制向量为"0 0 45",节点 7 复制向量为"0 0 35",节点 8 的复制向量为"-5 0 20"。得到的节点分布如图 8-12 所示。

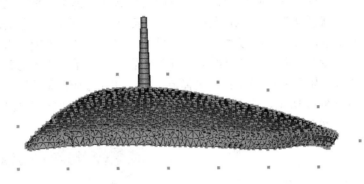

图 8-12　移动/复制所得到的节点

※ STEP 8　镜像生成两侧节点

选择"移动"下拉菜单中的"镜像"选项,将刚生成的节点复制至模型另一侧。选择一侧的所有节点,选择"移动"下拉菜单中的"镜像"选项,"工具"选项卡中显示"镜像"设置界面,镜像平面选择"XZ 平面",采用"复制"方式进行镜像,如图 8-13 所示。单击【应用】按钮,节点被镜像,生成另一侧的节点,如图 8-14 所示。

图 8-13　镜像

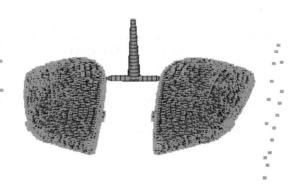

图 8-14　节点复制结果

※ STEP 9　创建冷却水路中心线

在层管理窗口中关闭除"冷却系统"层外的所有层，在模型显示区域仅显示刚创建的节点。单击曲线下的【直线】图标，"工具"选项卡中显示"创建直线"设置界面，如图 8-15 所示，单击下方选择选项中"创建为"后方的□按钮，弹出【指定属性】对话框，如图 8-16 所示；单击【新建】按钮，在弹出的下拉列表中选择"管道"，系统弹出如图 8-17 所示的【管道】对话框，选择管道截面形状是"圆形"，直径为 8，连续单击【确定】按钮返回至"创建直线"设置界面。选择节点 1 与对面的节点 17，单击【应用】按钮，生成第一段冷却管路中心线，如图 8-18 所示；再选择节点 18，单击【应用】按钮，生成第二段冷却管路中心线，如图 8-19 所示。接下来选择各节点，依次生成各段冷却管路。完成后的冷却系统中心线如图 8-20 所示。

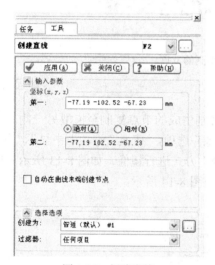

图 8-15　创建直线

图 8-16　【指定属性】对话框

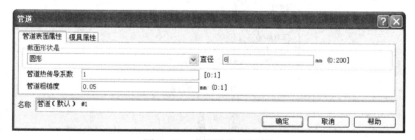

图 8-17　【管道】对话框

图 8-18　第一条直线

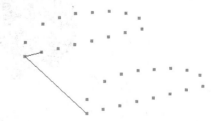

图 8-19　第二条直线

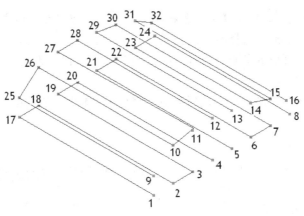

图 8-20　冷却系统中心线

> 💡 **提示：** 创建直线时将过滤项指定为"节点"，可以更加准确地选择节点。

> 💡 **提示：** 在选择节点 4、节点 8、节点 12 创建直线后，选择下一点后，需要重新选择起点。也可先画直线，再将其删除。

※ STEP 10　冷却系统网格划分

显示【网格】工具栏，单击【生成网格】图标 ，"工具"选项卡中显示"生成网格"设置界面，如图 8-21 所示，指定全局网格边长为 15mm，单击【立即划分网格】按钮，生成如图 8-22 所示的网格。

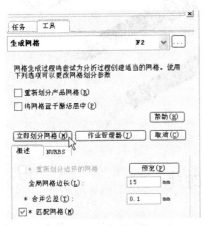

图 8-21　生成网格

图 8-22　冷却系统网格

※ STEP 11　设定冷却液入口

右击方案任务窗口中的【创建冷却管】图标 ，在弹出的快捷菜单中选择"设定冷却液入口"命令，如图 8-23 所示。此时光标由 变为+，并弹出如图 8-24 所示的【设

置 冷却液入口】对话框。单击【编辑】按钮来设置冷却液属性，系统弹出如图 8-25 所示的【冷却液入口】对话框，选择冷却液介质为"水（纯）1#"，单击【确定】按钮返回，选择冷却管中间部分各开放的节点（点 4、点 5、点 12、点 13）为入口节点，冷却液入口设置完成，如图 8-26 所示。

确定完成冷却液入口设置后，在任务窗口将显示"4 个冷却回路"。

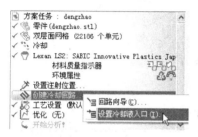

图 8-23　设定冷却液入口

图 8-24　【设置 冷却液入口】对话框

图 8-25　【冷却液入口】对话框

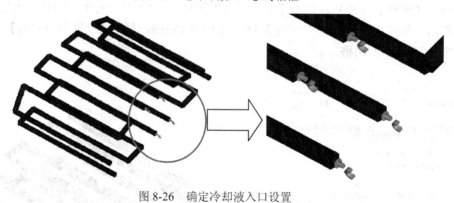

图 8-26　确定冷却液入口设置

8.2　冷却系统创建

冷却对制品的质量影响非常大，冷却的好坏直接影响制品的表面质量、机械性能和结晶度等。冷却时间的长短决定了制品成型周期的长短，直接影响产品的成本。冷却系统布局的合理性直接关系到冷却效果，合理构建冷却系统显得尤为重要。

对于简单的规则零件可以采用冷却系统向导进行冷却系统的设计；而对于复杂的冷却系统则必须采用手工方式创建。手工创建冷却系统时，通过指定直线或者柱体的属性，可以创建管道、软管、连接器、隔水板、喷水管等冷却系统部件。

冷却系统在 Moldflow 中是由线型柱体单元组成的，因而在管道中心确定后，还必须进行网格划分创建柱体单元。

8.3　冷却系统向导

通过冷却系统向导可以快速创建冷却系统，但其创建的冷却系统的冷却管路分布在同一水平面内。选择"建模"菜单下的 冷却系统向导⑩... 命令，系统弹出【冷却回路向导】对话框，分为布置与管道两个页面。

1. 布置

【冷却回路向导–布置】对话框如图 8-27 所示，用于指定水管直径、水管与零件间的距离、水管与零件排列方式。

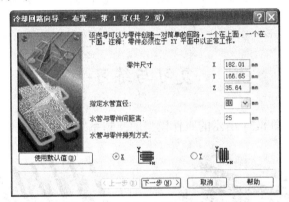

图 8-27　【冷却回路向导–布置】对话框

2. 管道

单击【下一步】按钮，弹出【冷却回路向导–管道】对话框，如图 8-28 所示。设置水管数量、管道中心之间距，零件之外距离等参数。单击【预览】按钮，显示水管布局情况，单击【完成】按钮，即可创建冷却系统，如图 8-29 所示。

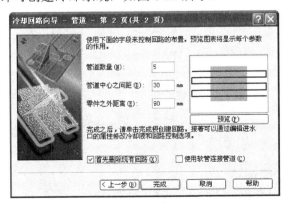

图 8-28　【冷却回路向导–管道】对话框

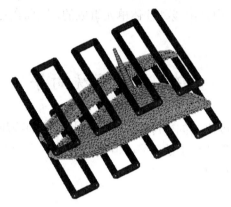

图 8-29　冷却系统创建完毕

> 🔊 **提示：** 使用向导创建的冷却系统，可以进行编辑，重新定义其属性以及冷却液属性。

复习与练习

创建如图 8-30 与图 8-31 所示的零件模型的冷却系统。

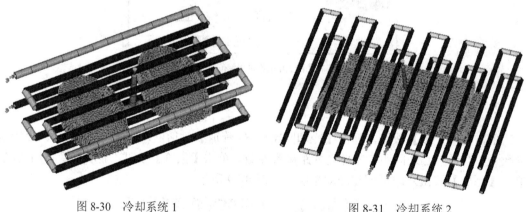

图 8-30　冷却系统 1　　　　　　　　　　　　　　图 8-31　冷却系统 2

第 *9* 讲 成型窗口分析

成型窗口分析用来确定分析任务的最佳初步工艺设置，提供注射时间、模具温度和熔体温度的推荐值，以用作填充+保压分析的初步输入。

本讲要点

- 📖 成型窗口分析的应用
- 📖 成型窗口分析的工艺设置
- 📖 成型窗口分析结果
- 📖 分析结果的查看

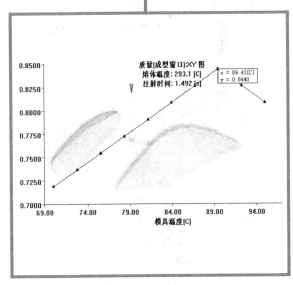

9.1 成型窗口分析应用示例

成型窗口分析用来确定分析任务的最佳初步工艺设置,提供注射时间、模具温度和熔体温度的推荐值,以用作填充+保压分析的初步输入。本节将演示车灯面罩的成型窗口分析过程,成型窗口分析结果的区域(成型窗口):2D 幻灯片如图 9-1 所示。

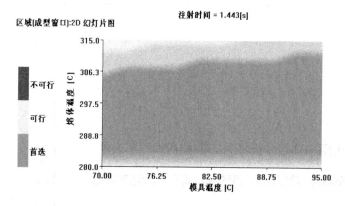

图 9-1 区域(成型窗口):2D 幻灯片

※ STEP 1 打开工程

启动 Moldflow。单击工具栏上的【打开】图标📂,在【打开】对话框中选择 case.mpi,单击【打开】按钮,在工程视窗中显示名为 dengzhao 的工程,双击 🛠 dengzhao 图标,在模型显示区域中显示如图 9-2 所示车灯面罩模型,显示的方案任务窗口如图 9-3 所示。

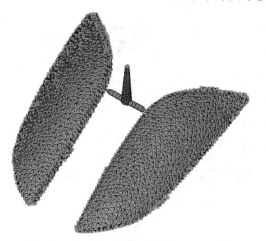

图 9-2 车灯面罩模型

图 9-3 任务窗口

※ STEP 2 设置分析类型

双击方案任务窗口中的分析序列【冷却】图标✓ ⚙冷却,系统弹出【选择分析序列】对话框,如图 9-4 所示。在【选择分析序列】对话框中选择"成型窗口",单击【确定】按钮,此时在方案任务窗口中分析类型显示为"成型窗口"。

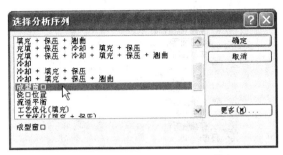

图 9-4　【选择分析序列】对话框

※ STEP 3　工艺设置

　　双击方案任务窗口中的【工艺设置】图标 工艺设置 (默认)，系统将弹出如图 9-5 所示的对话框。单击注塑机后的【编辑】按钮，弹出【注塑机】对话框，设置注射单元参数如图 9-6 所示，并将名称改为 ZSJ-01。选择"锁模单元"选项卡，设置最大注塑机锁模力为 230 tonne。单击【确定】按钮，完成注塑机的设置。

图 9-5　【工艺设置向导-成型窗口设置】对话框

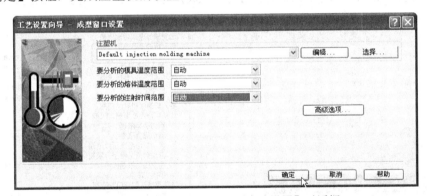

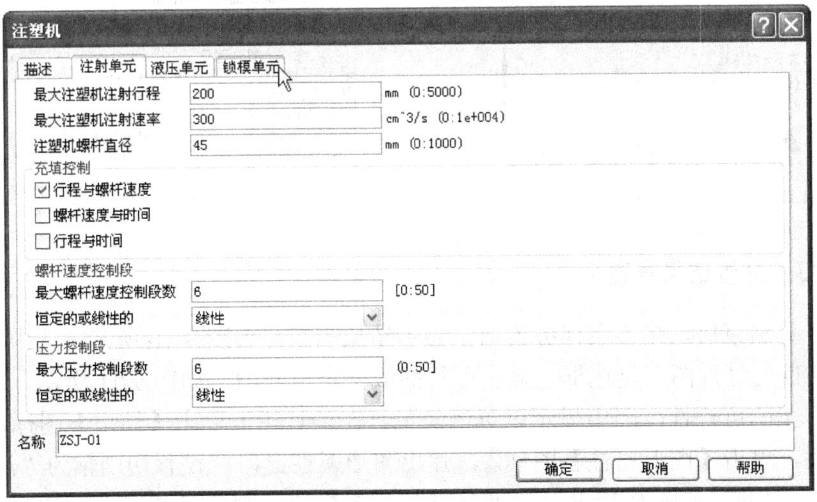

图 9-6　注塑机设置

单击【确定】按钮，完成工艺设置，任务窗口显示如图 9-7 所示。

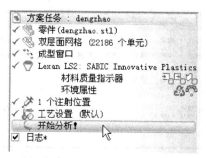

图 9-7　过程参数设置完成

※ STEP 4　提交计算

双击方案任务窗口中的 立即分析!(A) 图标，系统弹出【选择分析类型】对话框，如图 9-8 所示，选中"运行全面分析"复选框。求解器开始分析计算，分析计算过程中，分析日志将首先输入数据并进行检查，再开始进行分析。在分析过程完成后显示推荐的模具温度、熔体温度、注射时间等信息，如图 9-9 所示。最后弹出【分析完成】对话框，说明本任务已经分析完成。

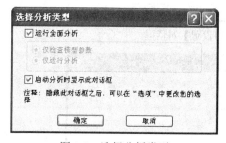

图 9-8　选择分析类型

图 9-9　分析日志

※ STEP 5　分析结果查看

分析计算结束后，在方案任务窗口中显示结果列表，如图 9-10 所示。选中"区域（成型窗口）：2D 幻灯片图"复选框，显示可行的成型窗口范围，如图 9-11 所示，以不同颜色表示工艺方案的可行性，图中显示以黄色为主。在工具栏上单击【结果】图标，显示【结果】工具栏，单击【图形属性】图标，弹出图形属性窗口，设置切割轴为"注射时间"，切割位置为 1.443，如图 9-12 所示。单击【应用】按钮，则图形区将更新显示，如图 9-13 所示，显示区域以绿色为主。

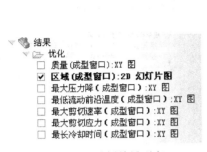

图 9-10 分析结果列表

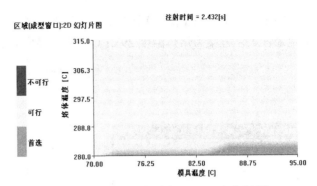

图 9-11 区域（成型窗口）：2D 幻灯片图

图 9-12 图形属性

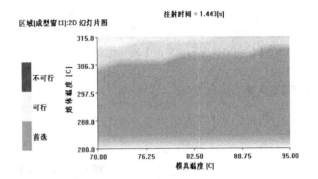

图 9-13 区域（成型窗口）：2D 幻灯片图

※ STEP 6 质量结果

选中"质量（成型窗口）：XY 图"复选框，显示结果如图 9-14 所示，由于注射时间过短，其质量因子很低。

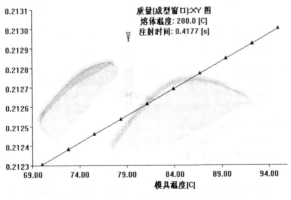

图 9-14 质量（成型窗口）：XY 图

在工具栏上单击【图形属性】图标 🖾，弹出【探测解决空间-XY 图】对话框，选中"模具温度"复选框，以模具为 X 轴；拖动"注射时间"与"熔体温度"的滑块，如图 9-15 所示，图形中的曲线图将随之变化，同时其质量因子也将变化。当质量因子显示最大值时单击【关闭】按钮。

在工具栏上单击【检查】图标🔍，选择 XY 图上的最高点，显示其数值如图 9-16 所示，确定最佳工艺方案为熔体温度 293.1℃，模具温度 89.43℃，注射时间为 1.492s。

图 9-15　【探测解决空间-XY 图】对话框

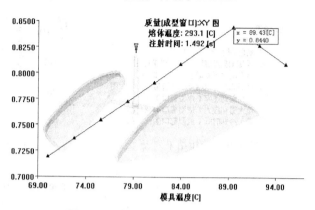

图 9-16　质量（成型窗口）：XY 图

※ **STEP 7**　保存方案

在顶部单击【保存方案】图标💾，保存文件。

9.2　成型窗口分析工艺设置

成型窗口分析用来确定分析任务的最佳初步工艺设置，提供注射时间、模具温度和熔体温度的推荐值。

要进行成型窗口分析，先要作工艺设置，双击方案任务窗口中的  图标，弹出如图 9-17 所示的【工艺设置向导-成型窗口设置】对话框。

提示：成型窗口分析的工艺设置始终显示为"默认"。

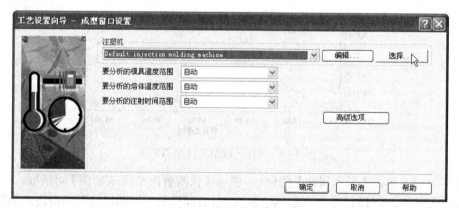

图 9-17　工艺设置向导

1. 注塑机

注塑机的选择将决定所能达到的最大行程、最大锁模力、最大注射速率等参数，需要按实际进行设置。

单击【编辑】按钮，可以设置注塑机的相关参数，其"注射单元"选项卡如图 9-18 所示。可以设置最大注塑机注射行程、最大注塑机注射速率、注塑机螺杆直径等选项，并可以指定充填控制方式、螺杆速度控制段与压力控制段。在"液压单元"选项卡中可以设置最大液压压力，在"锁模单元"选项卡中可以设置最大锁模力。

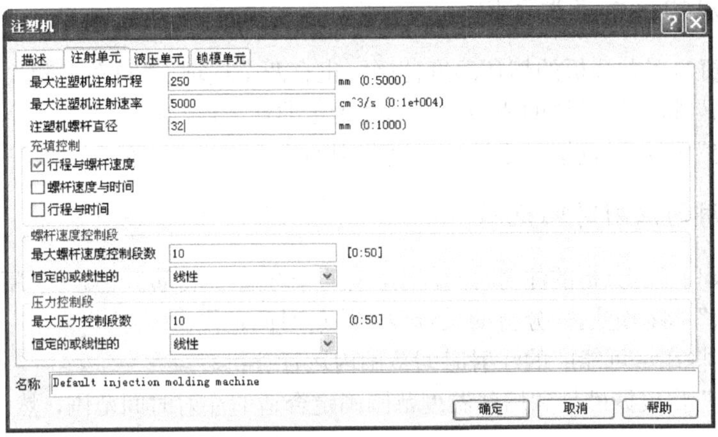

图 9-18　注塑机

单击【选择】按钮，可以选择数据库中预设的注塑机，弹出如图 9-19 所示的【选择 注塑机】对话框，从列表中选择合适的注塑机，可以通过【细节】按钮查看注塑机的详细信息；通过【搜索】按钮，按指定的条件查找所需的注塑机。

图 9-19　【选择 注塑机】对话框

2. 分析用的模具温度范围

设置成型窗口工艺分析的模具温度范围，有两个选项："自动"和"指定"。

（1）"自动"将采用材料的成型工艺属性指定的最大值和最小值。

（2）"指定"则可以直接指定模具温度范围的最小值与最大值，单击【编辑范围】将弹出【成型窗口输入范围】对话框，如图 9-20 所示，可以直接指定最小值与最大值。

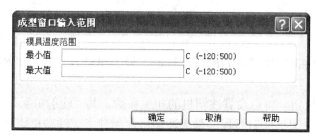

图 9-20　成型窗口输入范围

3．分析用的熔体温度范围

设置成型窗口工艺分析的熔体温度范围，也有两个选项："自动"和"指定"。
（1）"自动"将采用材料的成型工艺属性指定的最大值和最小值。
（2）"指定"则可以直接指定熔体温度范围的最小值与最大值。

4．分析用的注射时间范围

设置成型窗口工艺分析的注射时间范围，有 4 个选项："自动"、"宽"、"精确"和"指定"。
（1）"自动"将确定运行分析的最合适的注射时间范围。
（2）"宽"将在尽可能广的注射时间范围内运行分析。
（3）"精确"将根据模具和熔体温度范围确定合适的注射时间范围，然后在该范围内运行分析。
（4）"指定"允许输入特定注射时间范围。

5．高级选项

单击【高级选项】按钮将弹出如图 9-21 所示的【成型窗口高级选项】对话框，可以对计算可行性成型窗口和计算首选成型窗口的限制条件进行设置。

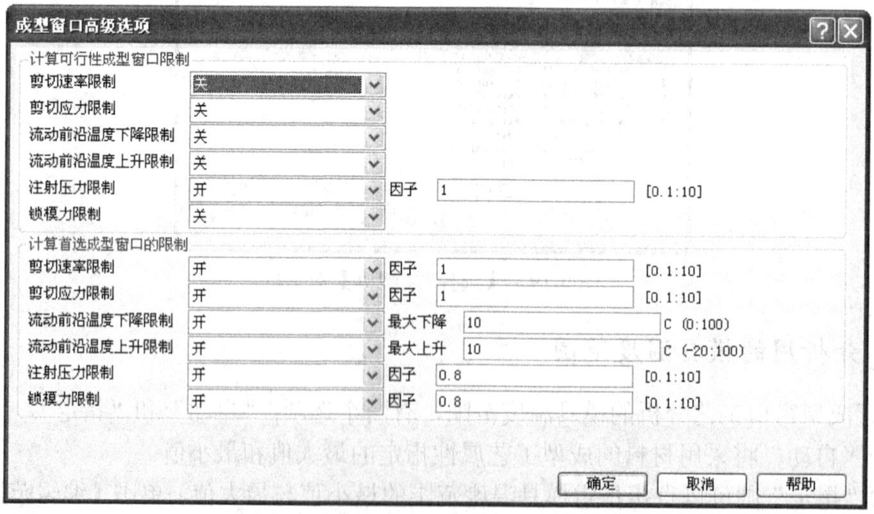

图 9-21　【成型窗口高级选项】对话框

9.3　成型窗口分析结果

成型窗口分析结果包括最优成型条件，用云图显示成型窗口的范围，用 XY 图显示质量、最大压力降、最低流动前沿温度、最大剪切速率、最大剪切应力和最长冷却时间，这些结果都将随工艺条件的改变而变化。如图 9-22 所示为成型窗口分析结果列表。

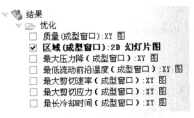

图 9-22　成型窗口分析结果列表

1. 质量

质量结果能够呈现出零件的总体质量如何随模具温度、熔体温度和注射时间等输入变量的变化而变化。质量测量值会随着注射压力、最长冷却时间、最大剪切速率和最大剪切应力的减小而增大，随着最低流动前沿温度的升高而增大。如图 9-23 所示为质量（成型窗口）：XY 图，左侧显示其质量因子，数值越大表示质量越好。

在工具栏上单击【图形属性】图标 ，将弹出【探测解决空间–XY 图】对话框，如图 9-24 所示，选中的变量即为显示在 X 轴上的变量，该变量的滑块处于未激活状态，而另两个滑块则处于活动状态，可以拖动它们来改变该变量。

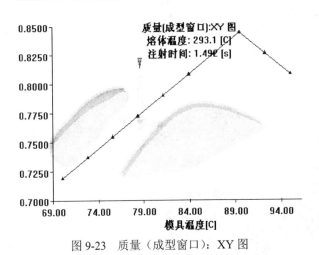

图 9-23　质量（成型窗口）：XY 图

图 9-24　探测解决空间-XY 图

> **提示：** 通过滑动滑块图形上将实时显示变化，可以获得显示质量因子最高的数值。

2. 区域：二维幻灯片

成型窗口分析结果的区域将显示绿色、黄色、红色 3 个彩色区域。绿色代表首选的成型窗口，黄色表示可行的成型窗口，红色表示没有可行的成型窗口。

 提示： 在图上拖动鼠标将会变换显示的区域与数值。

绿色区域的工艺设置，表示其满足以下 6 个条件：

（1）零件为非短射；

（2）填充零件所需的注射压力小于注塑机最大注射压力的 80%。

（3）流动前沿温度高于注射（熔体）温度 10℃以下。

（4）流动前沿温度低于注射（熔体）温度 10℃以上。

（5）剪切应力小于材料数据库中为该材料所指定的最大值。

（6）剪切速率小于材料数据库中为该材料所指定的最大值。

黄色区域的工艺设置，则可能仍能够塑造该零件，但质量可能不高。至少满足两个条件：（1）零件为非短射；（2）填充零件所需的注射压力小于注塑机最大注射压力。

红色区域表示不存在良好的工艺设置组合，必须进行注射位置的修改或更改零件几何。

3. 其他分析结果

最大压力降、最低流动前沿温度、最大剪切速率、最大剪切应力、最长冷却时间结果分别显示注射压力、流动前沿温度、剪切应力、冷却时间如何随模具温度、熔体温度和注射时间的变化而变化。其观察方式与质量类似，通过图形属性的设置及图形的显示可以观察对某一结果的主要影响因素及其影响趋势。

复习与练习

对如图 9-25 所示的零件模型进行成型窗口分析。

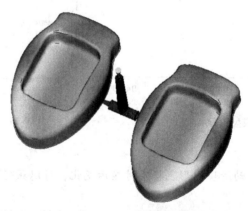

图 9-25　模型成型窗口分析

第 10 讲 填充分析

填充分析为模拟塑料从注塑开始到模腔被填满整个过程，预测制品在模腔中的充填行为。模拟结果包括充填时间、压力、流动前沿温度、分子趋向、剪切速率、气穴、熔接线等。

本讲要点

📖 填充分析工艺参数设置

📖 填充分析结果

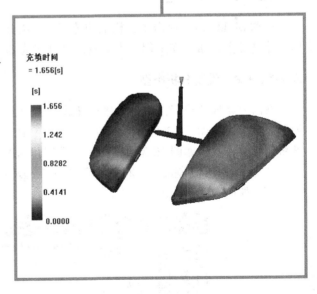

充填时间
= 1.656[s]

[s]
1.656
1.242
0.8282
0.4141
0.0000

10.1　填充分析应用示例

填充分析（也称为充填分析）为模拟塑料从注塑开始到模腔被填满整个过程，预测制品在模腔中的充填行为。模拟结果包括充填时间、压力、流动前沿温度、分子趋向、剪切速率、气穴、熔接线等。本节将演示车灯面罩充填过程，示例模型及分析结果如图 10-1 所示为填充分析的充填时间结果。

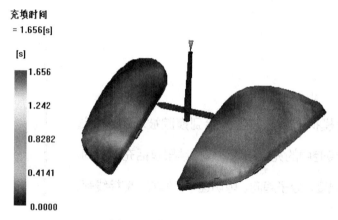

充填时间
= 1.656[s]

[s]
1.656
1.242
0.8282
0.4141
0.0000

图 10-1　填充时间结果

※ STEP 1　打开工程

启动 Moldflow。单击工具栏上的【打开】图标，在【打开】对话框中选择 case.mpi，单击【打开】按钮，在工程视窗中双击打开名为 dengzhao 的方案任务。

※ STEP 2　设置分析类型

双击方案任务窗口中的分析序列【成型窗口】图标，系统弹出【选择分析序列】对话框，如图 10-2 所示，选择"填充"，单击【确定】按钮，系统弹出提示窗口提示是否删除原方案，如图 10-3 所示，单击【创建副本】按钮，此时在任务窗口将创建一个新方案"dengzhao（复制品）"，将其重命名为 dengzhao（fill），在任务窗口中分析类型显示为"填充"，如图 10-4 所示。

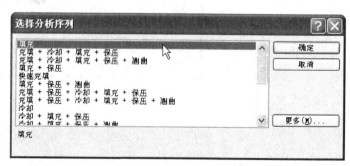

图 10-2　【选择分析序列】对话框

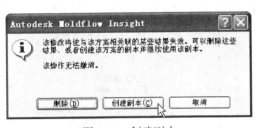

图 10-3 创建副本

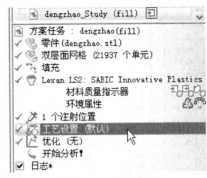

图 10-4 方案任务

※ STEP 3 工艺设置

双击方案任务窗口中的【工艺设置】图标 工艺设置 (默认)，系统弹出【工艺设置向导-充填设置】对话框，系统默认的参数是由材料数据库中读取的。设置模具表面温度为89℃；熔体温度为 293℃；充填控制的注射时间为 1.45s；速度/压力切换为 "由%充填体积"，百分比为 99%，保压控制为 "%填充压力与时间" 方式；取消选中 "如果有纤维材料进行纤维取向分析" 复选框，如图 10-5 所示，单击【确定】按钮，完成充填工艺设置。

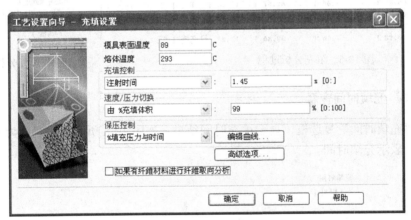

图 10-5 充填工艺参数设置

※ STEP 4 提交计算

双击方案任务视窗中的 ↳ 立即分析！(A) 图标，求解器开始分析计算。分析计算过程中，分析日志将首先输入数据并进行检查，同时显示求解器参数、材料数据、工艺设置、模型细节等，再开始进行分析，在分析过程中将显示充填过程中的时间、体积、压力、锁模力、流动速率与状态等信息，如图 10-6 所示。填充完成后再输出相关数据，最后弹出【分析完成】对话框，说明本任务已经分析完成。

※ STEP 5 查看结果

分析计算结束后，Moldflow 生成大量的文字、图像和动画结果，分类显示在方案任务窗口中，如图 10-7 所示。

时间 (s)	体积 (%)	压力 (MPa)	锁模力 (tonne)	流动速率 (cm^3/s)	状态
0.08	2.17	19.22	0.00	19.26	U
0.16	5.85	27.20	0.25	18.41	U
0.24	9.87	34.67	0.42	25.69	U
0.32	14.53	36.40	0.59	26.54	U
0.40	19.23	37.28	0.75	26.70	U
0.47	23.79	38.18	0.92	26.71	U
0.55	28.58	38.96	1.12	26.78	U
0.63	33.17	39.73	1.36	26.77	U
0.71	37.88	40.63	1.70	26.78	U
0.79	42.35	41.55	2.10	26.78	U
0.87	46.98	42.53	2.58	26.81	U
0.95	51.73	43.56	3.16	26.83	U
1.03	56.18	44.56	3.78	26.86	U
1.10	60.78	45.63	4.51	26.88	U
1.19	65.45	46.81	5.40	26.90	U
1.26	70.06	48.03	6.42	26.92	U
1.34	74.47	49.76	8.17	26.88	U
1.42	78.79	52.07	10.60	26.93	U
1.50	83.24	54.70	13.58	26.99	U
1.58	87.50	57.36	16.81	27.05	U
1.66	91.85	60.74	21.40	27.05	U
1.73	95.52	67.80	34.38	27.05	U
1.76	96.42	72.08	41.21	26.77	U/P
1.77	96.88	57.66	40.87	13.28	P
1.81	98.42	57.66	37.61	14.07	P
1.87	99.95	57.66	38.38	12.92	P
1.87	100.00	57.66	38.36	12.92	已充填

图 10-6　填充分析过程

图 10-7　填充分析结果

※ STEP 6　充填时间查看

选中"充填时间"复选框，显示填充时间结果，如图 10-8 所示，总时间为 1.656s，并以不同颜色表示充填时间。

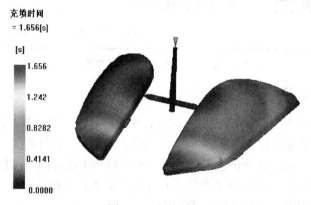

图 10-8　充填时间

※ STEP 7　动态显示

在工具栏上单击【结果】图标，显示【结果】工具栏，单击【动画播放器】图标▷，以动态的方式显示熔料充填型腔过程，如图 10-9 所示。

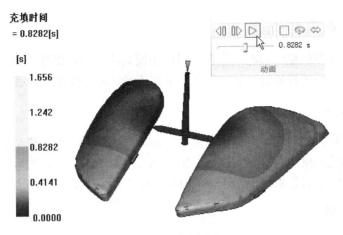

图 10-9 动态显示

※ STEP 8 保存方案

在顶部单击【保存方案】图标🖫，保存文件。

10.2 填充分析工艺参数设置

填充分析可以对塑料熔体从开始进入型腔到充满型腔的整个过程进行模拟。通过分析，可以得到塑料熔体在型腔中的填充报告，进行填充分析的目的在于获得最佳浇注系统设计，重点在于检查各区域的填充是否平衡。

填充工艺设置是熔料开始注射到填满整个模腔过程中，模具和注塑机等所有相关设备等工艺参数。工艺参数的设定合理性直接影响到产品注塑成型的模拟结果的正确性。

双击方案任务窗口中的 ✓ 🛠 工艺设置 (默认) 一栏，弹出如图 10-10 所示的【工艺设置向导–充填设置】对话框。

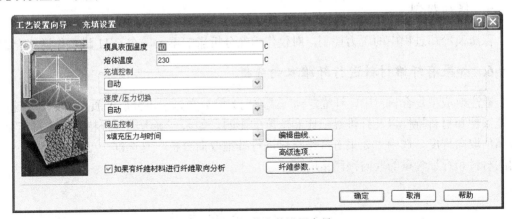

图 10-10 工艺参数设置向导

相关参数主要包括：

1. 模具表面温度

模具表面温度即俗称的模温，指在塑料接触模具的位置，即塑料和金属的临界面的模具温度。默认值是系统根据选择的材料特性推荐的参数，可以按实际进行设置。

2. 熔体温度

熔体温度即熔化的塑料或熔体开始向型腔流动时的温度。如果模型具有流道系统，则熔体温度指熔体进入流道系统时的温度。如果模型没有流道系统，则熔体温度指熔体离开浇口时的温度。默认值是系统根据选择的材料特性推荐的参数。

3. 充填控制

充填控制即熔料从进入模腔开始，到充填满模腔整个过程的控制方式。包括"自动"、"注射时间"、"流动速率"和"螺杆速度曲线"4 种方式。如果对制品成型掌握的信息不够多，一般采用"自动控制"方式进行。

（1）自动：系统自动选择控制方式。

（2）注射时间：指定完全填充零件所花费的时间。

（3）流动速率：指定熔体被注入模具型腔时的流动速率。

（4）螺杆速度曲线：包括相对/绝对/原有螺杆速度曲线，指定两个变量来控制螺杆速度曲线，可以通过流动速率与注射体积、螺杆速度与行程等方式控制。

4. 速度/压力切换

用于速度和压力控制转换点的设置。在填充阶段，首先对注塑机的螺杆进行速度控制，等填充到某个状态时，将速度控制方式转变为压力控制。Moldflow 提供了 8 种切换控制方式："自动"、"%填充体积"、"注塑压力"、"液压压力"、"锁模力"、"压力控制点"、"注塑时间"以及"首先达到切换点"。通常采用"%填充体积"来设置速度/压力切换点。

5. 保压控制

保压及冷却过程中的压力控制，对仅作填充分析影响不大，在第 11 讲再作详细介绍。

6. 如果有纤维材料进行纤维取向分析

在注射成型复合材料中，纤维定向（或取向）的分布显示了分层性质，并受填充速度、工艺条件和材料特性以及纤维纵横比和浓度的影响。如未正确考虑纤维特性，则可能会明显高估取向程度。选中"如果有纤维材料进行纤维取向分析"复选框，可以提高对某一范围的材料和纤维含量的取向预测精度。

10.3　填充分析结果

填充分析结果主要用于查看制品的充填行为是否合理，查看充填结果相关信息，在一模多穴情况下，检查流道是否平衡等。填充分析可以发现欠注、滞流、熔接线、气穴以及过保压等缺陷。

　　填充分析结果列表如图 10-11 所示，包括了充填时间、压力、流动前沿温度、冻结层因子、剪切速率及体积、气穴、熔接线等信息。

　　下面介绍主要的充填分析结果。

1. 充填时间

　　充填时间在模型显示区域显示熔体前沿的流动情况，默认显示阴影图。通过图形属性指定显示等值线图，可以看出流动速度是否均匀，如图 10-12 所示。

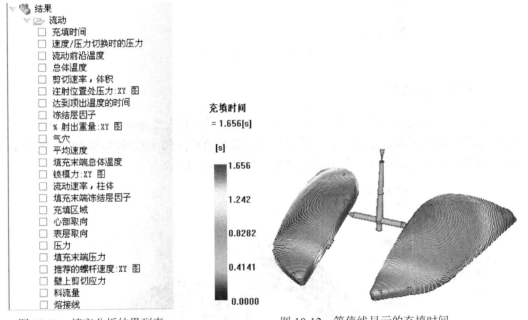

图 10-11　填充分析结果列表　　　　图 10-12　等值线显示的充填时间

　　通过充填时间的结果可以查看到以下缺陷：

　　（1）短射。在填充时间结果中，短射将显示为半透明。检查流动路径末端是否存在任何半透明区域。

　　（2）迟滞。如果填充时间结果显示了等值线间距非常小的区域，则可能发生了迟滞。如果在完全填充零件之前，某狭窄区域发生冻结，则停滞可能导致短射。

　　（3）过压。如果填充时间结果显示了某个流动路径早于其他流动路径完成，则可能指示过保压。过压可能导致零件重量过高、翘曲以及整个零件中的密度分布不均。

2. 速度/压力切换时的压力

　　显示从速度控制切换为压力控制这一时刻，压力在模具中沿流动路径的分布情况如图 10-13 所示，通过该图可以观察塑件的压力分布是否平衡，图中未填充区域以灰色表示。速度/压力切换时的压力图是观察制件的压力分布是否平衡的有效工具。通常，体积/压力控制转换时的压力在整个注塑成型周期中是最高的。

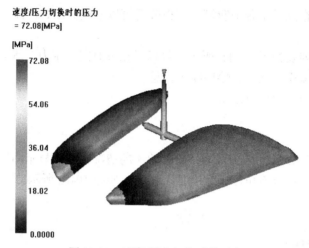

图 10-13　速度/压力切换时的压力

3. 流动前沿温度

显示填充期间流动前沿的温度变化，该温度分布通常是大致相同的，温度差不应太大。如果流动前沿的温度高，熔接线强度通常较高。以颜色代表每个点被填满时的材料温度，可以采用检查工具查看选择位置的前沿温度，如果 10-14 所示。

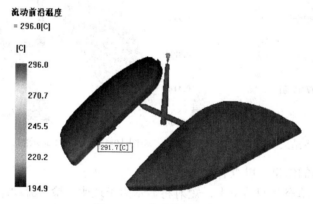

图 10-14　流动前沿温度

4. 总体温度

总体温度用于表示厚度方向的加权平均温度，可以发现产品在注塑过程中温度较高区域，如果最高平均温度接近或超过材料的降解温度，或者局部过热，要求用户重新设置浇注系统或者冷却系统等。图 10-15 显示车灯面罩的平均温度，模腔内最高平均温度为 312.8℃。

5. 剪切速率，体积

显示横截面上剪切速率的大小，剪切速率用于衡量塑料层滑过彼此的速度。剪切速率不应超过材料数据库中为该材料推荐的最大值，否则材料就会降解。

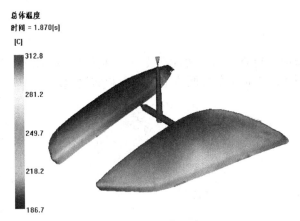

图 10-15　总体温度

6．注射位置处压力：XY 图

以时间为横坐标，压力为纵坐标的折线图，显示在填充阶段和保压阶段过程中各个时间下注射位置处的压力，如图 10-16 所示，可以查看注射时所需的最大压力，并可以观察压力变化情况。如果出现明显尖峰，则表示填充不平衡，需要修改浇注系统。

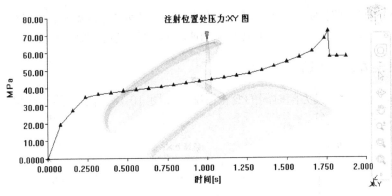

图 10-16　注射位置处压力：XY 图

7．达到顶出温度的时间

显示达到顶出温度所需的时间，该时间从填充开始计算，这个时间可作为设置时参考的冷却时间。通过降低零件的壁厚，或者降低模具温度与熔料温度可以缩短达到顶出温度的时间。

8．冻结层因子

显示实时冻结层为零件厚度的百分比，结果的值范围为 0～1，越高表示冻结层越厚，1 表示聚合物已冻结。

9．%射出重量：XY 图

以折线图显示填充分析期间各个时间段内总注射重量占零件总重量的百分比。

10．气穴

气穴显示气穴形成的位置，气穴可能在零件表面形成小孔或瑕疵。根据显示结果可以考虑开设排气槽。图 10-17 显示车灯面罩上的气穴和熔接线。

图 10-17　气穴位置

11．平均速度

显示模具型腔中熔体实时的流动速度，并且可以使用动画方式观察各个时刻的熔体平均速度。通过平均速度结果，可确定具有较高流动速率的区域，进行模具调整避免填充不平衡。

12．锁模力：XY 图

锁模力曲线显示锁模力随时间的变化情况，如图 10-18 所示，给用户提供锁模力参考值，并选择合适的注塑机。

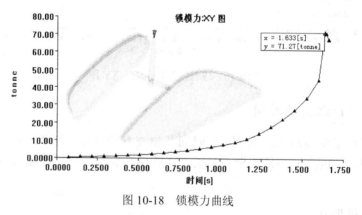

图 10-18　锁模力曲线

13．充填区域

充填区域的结果可以观察某一区域的材料源于哪一个浇口，来自同一浇口的材料显示同一颜色。对于多个浇口的零件，如果充填区域结果显示不同浇口正尝试填充同一零件部分，则表示流动不平衡。

14. 心部取向/表层取向

心部取向显示分子在零件心部的取向方式，并显示整个单元的平均主对齐方向。不考虑纤维填充影响时，心部取向一般与流动方向垂直。

表层取向显示分子在零件外侧的取向方式，显示整个局部区域在填充结束时的平均主对齐方向。表层取向方向具有更高的冲击强度与拉伸强度。

15. 压力

显示产品上各点在整个注塑过程中压力动态变化。可以通过单击【动画演示】按钮，以动画形式演示压力动态变化过程。

16. 填充末端压力

显示充填完毕后，模腔及其流道上的压力分布。

17. 推荐的螺杆速度：XY 图

推荐的螺杆速度结果以 XY 图显示，如图 10-19 所示，用来显示在整个填充阶段保持恒定的流动前沿速度。螺杆速度与实时计算的流动前沿面积成比例：流动前沿的面积越大，保持恒定的流动前沿速度所需的螺杆速度就越快。使用此结果中显示的最佳注射曲线可在模具中保持恒定的流动前沿速度。

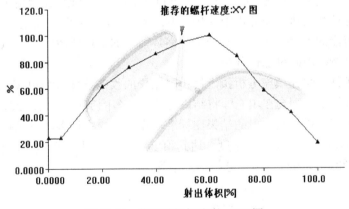

图 10-19　推荐的螺杆速度：XY 图

18. 壁上剪切应力

壁上剪切应力是冻结/熔化界面处的每单元面积上的剪切力，与每个位置的压力梯度成比例（如果聚合物横截面完全熔化，则冻结/熔化界面位于模具壁上）。使用粘性流配置物时，横截面中心处的剪切应力为零，并线性增加到冻结/熔化界面处的应力值。因此，壁上剪切应力可能在横截面的任意部分达到其最大值。

剪切应力应小于材料数据库中为该材料所推荐的最大值。剪切应力与存储在材料数据库中的值进行比较，超过该值的区域可能因应力而出现在顶出或工作时开裂等问题。

19. 料流量

料流量结果显示了流经与注射节点直接相连的每个柱体单元（流道系统）的材料的总体积。料流量结果主要用于检查多浇口或多型腔设计的流动是否平衡。

20. 熔接线

熔接线结果显示了两个流动前沿相遇时合流的位置，熔接线的显示位置可以标识结构弱点和/或表面瑕疵。在要求强度或光滑外观的区域尤其应该避免出现熔接线。

通过更改浇口位置，更改零件厚度或者调节工艺参数，可以使流动前沿在其他位置相遇，从而移动熔接线的位置。

10.4　快速填充分析

快速填充分析可代替标准填充分析，是一种快速且简单的分析方法，适用于精确性要求不高的情况下的填充分析。

快速填充分析和标准填充分析具有以下不同的特性。

（1）可压缩性。标准填充分析采用可压缩性；快速填充分析中的不可压缩流动占用 CPU 的时间要少于标准填充分析中的可压缩流动。

（2）层。标准填充分析整个厚度中最多可包含 20 层；快速填充分析中流动前沿的厚度仅包含 6 层。这使得快速填充分析中热传导方面的数据没有标准填充分析的数据详细。

（3）熔体前沿的推进。快速填充分析中熔体前沿的推进比较活跃，从而会导致时间段少于标准填充分析，因此可加快分析。

（4）收敛条件。快速填充分析接近尾声时宽松的收敛条件可缩短 CPU 的占用时间。而在标准填充分析中，则会在填充即将结束时填充更多的节点，从而会减慢分析速度。

采用快速填充分析，其生成的结果比标准填充分析要少得多，只包括了充填时间、速度/压力切换时的压力、流动前沿温度、达到顶出温度的时间、气穴、填充末端压力、熔接线等。如图 10-20 所示为快速填充分析的结果列表。

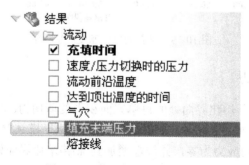

图 10-20　快速填充分析的结果

复习与练习

对如图 10-21 与图 10-22 所示的零件模型进行填充分析。

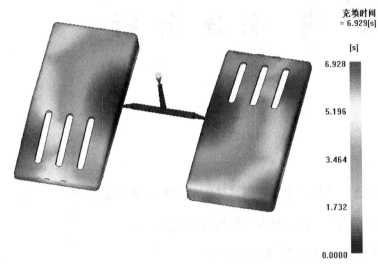

图 10-21　填充分析 1

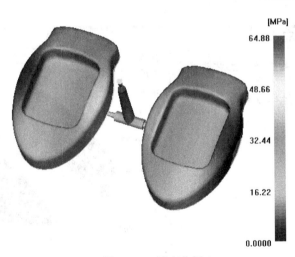

图 10-22　填充分析 2

第 11 讲 保压分析

"填充＋保压"的组合模拟塑料从注射点逐渐扩展并充填完模腔的流动的情况，目的是为了获得最佳保压曲线，从而降低由保压引起的制品收缩、翘曲等缺陷。

本讲要点

📖 填充+保压分析工艺设置

📖 填充+保压分析结果

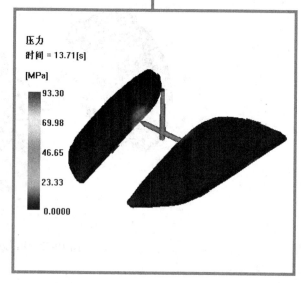

11.1　填充+保压分析应用示例

填充+保压分析即流动分析，用来模拟塑料从注塑点逐渐扩展并充填满模腔的流动情况。通过预测缺陷，获得最佳的保压曲线，从而降低由保压引起的制品收缩、翘曲等缺陷。本节将演示车灯面罩的填充和保压过程，示例模型及分析结果如图 11-1 所示。

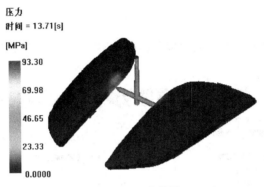

图 11-1　压力结果

※ STEP 1　打开工程

打开工程 case.mpi，在任务窗口中双击 dengzhao（fill）图标，打开方案任务窗口，如图 11-2 所示，在模型显示区域中显示车灯面罩模型，如图 11-3 所示。

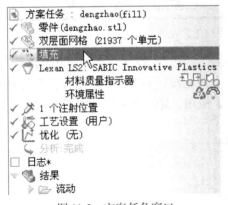

图 11-2　方案任务窗口

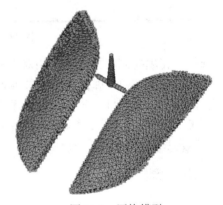

图 11-3　网格模型

※ STEP 2　设置分析类型

双击方案任务窗口中的分析序列【填充】图标 ✔ ⛉ 填充，系统弹出【选择分析序列】对话框，如图 11-4 所示。在【选择分析序列】对话框中选择"填充+保压"，单击【确定】按钮，系统弹出提示窗口提示是否删除原方案，如图 11-5 所示，单击【创建副本】按钮，此时在任务窗口将创建一个新方案"dengzhao（fill）（复制品）"，将其重命名为 dengzhao（flow），在任务窗口中分析类型显示为"填充+保压"。

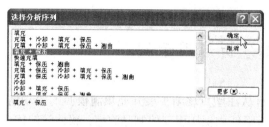

图 11-4　【选择分析序列】对话框

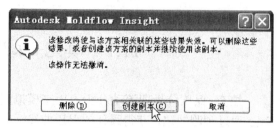

图 11-5　创建副本

※ **STEP 3**　工艺设置

双击方案任务窗口中的"工艺设置"图标 工艺设置 (默认)，系统弹出如图 11-6 所示的对话框。

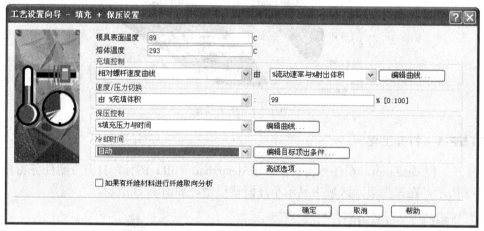

图 11-6　填充+保压工艺设置

选择"充填控制"方式为"相对螺杆速度曲线"，由"%流动速率与%射出体积"，单击【编辑曲线】按钮，弹出【充填控制曲线设置】对话框，设置"%射出体积"与对应的"%流动速率"，如图 11-7 所示。单击【绘制曲线】按钮，显示 XY 图，如图 11-8 所示。确定返回【工艺设置向导–填充+保压设置】对话框。

图 11-7　【充填控制曲线设置】对话框

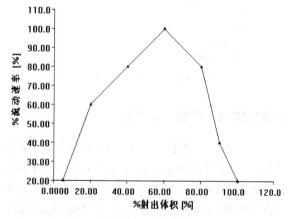

图 11-8　绘制曲线

设置"速度/压力切换"控制方式为"由%充填体积",并指定为99%。

设置"保压控制"方式为"%填充压力与时间"。

选择"冷却时间"控制方式为"自动",单击【编辑目标顶出条件】按钮,弹出【目标零件顶出条件】对话框,设置模具表面温度与顶出温度,顶出温度最小零件百分比,如图11-9所示。

确定返回【工艺设置向导–填充+保压设置】对话框,单击【确定】按钮完成填充+保压工艺参数的设置。

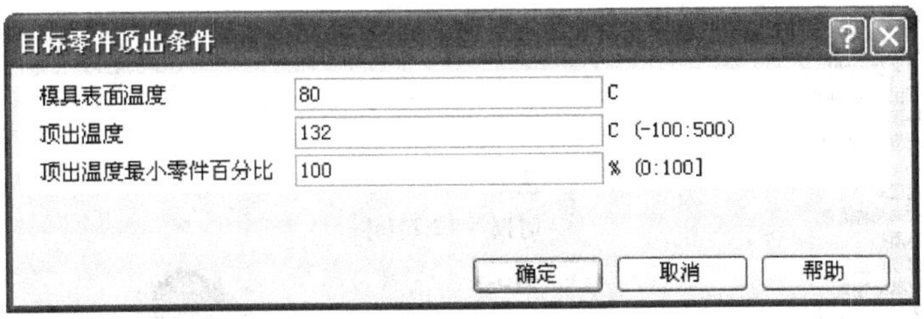

图 11-9　【目标零件顶出条件】对话框

※ STEP 4　提交计算

双击方案任务窗口中的 🔌 立即分析！(A) 图标,求解器开始分析计算。分析计算过程中,分析日志将首先输入数据并进行检查,再开始进行分析,在分析过程中将显示充填过程中的时间、体积、压力、锁模力、流动速率与状态等信息,再显示保压阶段的时间、保压、压力、锁模力与状态,如图11-10所示为保压阶段分析过程。填充完成后再输出相关数据,最后弹出【分析完成】对话框,说明本任务已经分析完成。

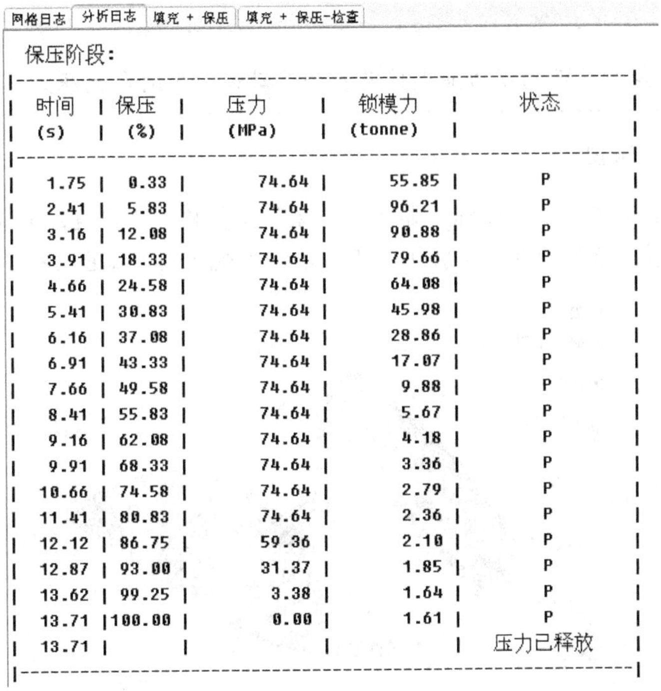

保压阶段:

时间 (s)	保压 (%)	压力 (MPa)	锁模力 (tonne)	状态
1.75	0.33	74.64	55.85	P
2.41	5.83	74.64	96.21	P
3.16	12.08	74.64	90.88	P
3.91	18.33	74.64	79.66	P
4.66	24.58	74.64	64.08	P
5.41	30.83	74.64	45.98	P
6.16	37.08	74.64	28.86	P
6.91	43.33	74.64	17.07	P
7.66	49.58	74.64	9.88	P
8.41	55.83	74.64	5.67	P
9.16	62.08	74.64	4.18	P
9.91	68.33	74.64	3.36	P
10.66	74.58	74.64	2.79	P
11.41	80.83	74.64	2.36	P
12.12	86.75	59.36	2.10	P
12.87	93.00	31.37	1.85	P
13.62	99.25	3.38	1.64	P
13.71	100.00	0.00	1.61	P
13.71				压力已释放

图 11-10　分析日志

※ STEP 5　查看结果

分析计算结束后，在方案任务窗口显示结果列表，如图 11-11 所示。选中"压力"复选框，显示结果如图 11-12 所示，显示为保压阶段结束时的压力情况。

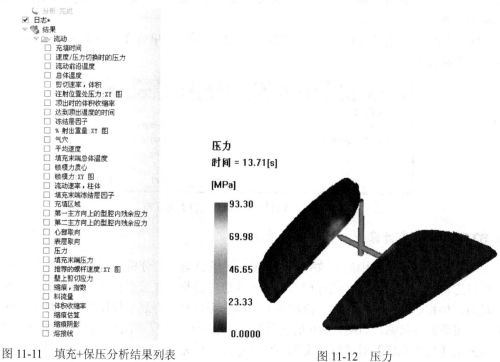

图 11-11　填充+保压分析结果列表　　　　图 11-12　压力

> **提示**：左侧显示的压力最大值是整个流动过程中的最大压力。

※ STEP 6　动态检视

在工具栏上单击【结果】图标，显示"结果"工具栏，单击【动画播放器】图标▷，以动态的方式显示在整个周期中型腔中各点的压力变化过程，如图 11-13 所示。

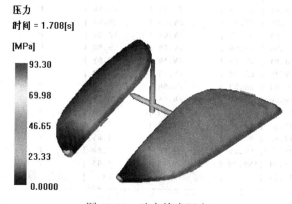

图 11-13　动态检查压力

※ **STEP 7** 创建新图

在工具栏上单击【新建图形】图标 ，弹出【创建新图】对话框，在"结果选择"选项卡中选择"压力"选项，指定图形类型为"XY 图"，如图 11-14 所示，确定创建新图。

图 11-14 创建新图

系统将在结果中增加"压力：XY 图"，在显示区显示压力：XY 图，拾取点，则该点的压力变化以曲线图方式显示，如图 11-15 所示选择了注射位置、浇口、末端的节点查看各个点的压力变化。

提示： 新建图形的分析结果与默认生成的分析结果同样可以输出到报告。

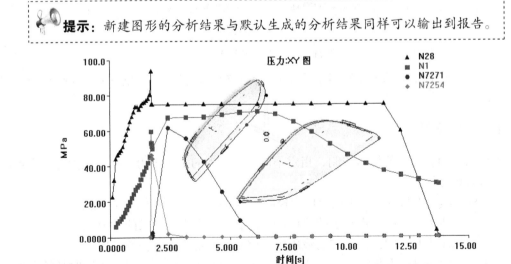

图 11-15 压力：XY 图

※ **STEP 8** 保存方案

在顶部单击【保存方案】图标 ，保存文件。

11.2 填充+保压分析工艺参数设置

塑料成型的过程包括填充和保压两个阶段，保压工艺是保证制品质量的关键，保压压力过低，制品收缩严重，密度偏低；而保压压力过大，制品收缩可以减少，但会导致脱模困难，且制品内部应力较大。

保压分析必须在填充分析的基础上进行，可以模拟塑料熔体从注射点进入型腔开始，直至充满整个型腔的过程。

在分析序列中选择"填充+保压"进行流动分析，它与填充分析的设置基本相同，但增加了冷却时间的设置。

流动工艺过程参数与填充工艺过程参数的最大区别是，流动工艺过程参数要求用户定义两个主要参数，分别为保压压力和保压时间，本节讲解流动工艺过程参数的设置过程。

双击方案任务窗口中的 工艺设置 （默认） 图标，系统将弹出如图 11-16 所示的【工艺设置向导–填充+保压设置】对话框。

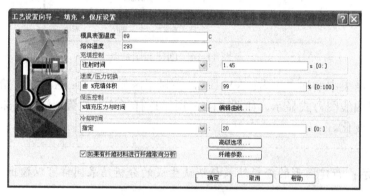

图 11-16　成型参数设置向导

工艺参数设置中的部分参数用于填充分析，在前面已做介绍，以下介绍与保压分析相关的选项。

1．保压控制

保压及冷却过程中的压力控制，指定不同保压时间的保压压力，保压压力可以采用以下几种方式进行控制。

（1）％充填压力与时间：由充填压力控制，需要指定充填压力的百分比。

（2）保压压力与时间：由指定的保压压力控制，指定不同时长的压力。

（3）液压压力与时间：由指定的液压压力控制，指定不同时长的液压。

（4）％最大注射压力与时间：由注塑机的最大注射压力控制，指定不同时长的最大注射压力百分比。

系统默认采用"％充填压力与时间"，需要更改参数时，单击右侧的【编辑曲线】按钮，将显示【保压控制曲线设置】对话框，如图 11-17 所示，指定保压时间的长度，再指定充填压力的百分比，并可以绘制曲线直观查看压力的变化情况，如图 11-18 所示。

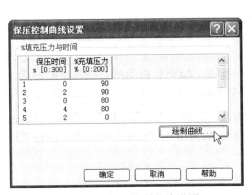

图 11-17　保压控制曲线设置

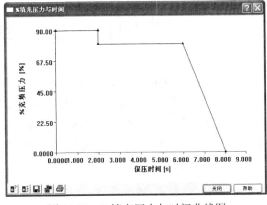

图 11-18　%填充压力与时间曲线图

> **提示：** 如果需要生成阶梯式的曲线，需要输入一段时间为 0 的阶段。

2．冷却时间

指定产品冷却至顶出温度所需的时间。有两种设置方式，分别为自动和指定。

（1）指定：直接输入冷却时间，要求用户对产品冷却时间有相对的把握。

（2）自动：按指定产品顶出条件确定冷却时间。单击"冷却时间"右边的【编辑顶出条件】按钮，系统弹出如图 11-19 所示的【产品顶出条件】对话框，设置顶出温度和顶出时凝固百分比。

图 11-19　【产品顶出条件】对话框

3．高级选项

单击【工艺设置向导–填充+保压设置】对话框右下方的【高级选项】按钮，系统弹出如图 11-20 所示的【填充+保压分析高级选项】对话框，可以对材料、控制器、注塑机、模具材料、解算参数进行编辑或者重新选择。

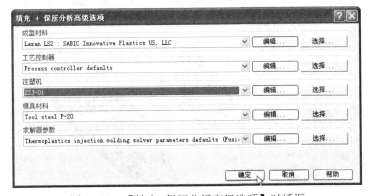

图 11-20　【填充+保压分析高级选项】对话框

11.3 填充+保压分析结果

填充+保压分析结果信息列表如图 11-21 所示，包括了填充分析的所有结果，同时增加了保压分析的结果。对于填充分析中包含的部分结果，在填充+保压分析中也将被扩展，如"注射位置处的压力：XY 图"、"冻结层因子"、"压力"、"锁模力：XY 图"、"%射出质量：XY 图"等结果都将包含保压段的结果。如图 11-22 所示为填充+保压分析的"注射位置处压力：XY 图"结果。

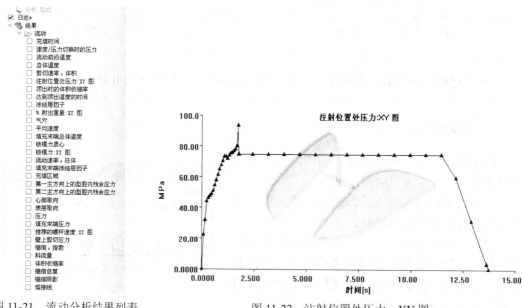

图 11-21 流动分析结果列表   图 11-22 注射位置处压力：XY 图

下面介绍主要的填充+保压分析结果。

1. 顶出时的体积收缩率

顶出时的体积收缩率结果以原始建模体积的百分比形式显示各个区域的体积收缩率，如图 11-23 所示。整个零件中的体积收缩率应均匀，使用保压曲线可以使收缩率更均匀。

图 11-23 顶出时体积收缩

2. 体积收缩率

体积收缩率显示塑件每个区域的体积收缩百分数，用来确定可能产生缩痕的位置，如图 11-24 所示为体积收缩率结果。制品表面颜色梯度很小，表面收缩较均匀。体积收缩率的结果越均匀越好。

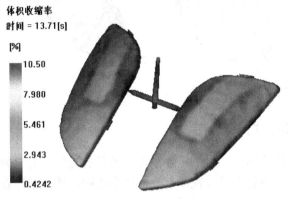

图 11-24　体积收缩率

3. 冻结层因子

冻结层因子结果将冻结层厚度显示为零件厚度的因子形式，范围为 0～1，如图 11-25 所示。值越大表示冻结层越厚、流阻越大以及聚合物熔体或流动层越薄。值为 1 时表示聚合物已冻结。

冻结层因子结果是中间结果，该结果的默认动画贯穿整个时间，以动态方式观察产品上冷凝层的变化情况。找出浇口冷凝时间，作为修改保压时间的参考。

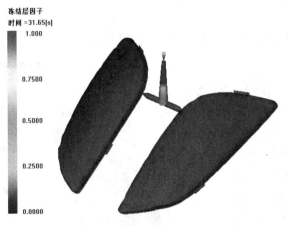

图 11-25　冻结层因子

4. 缩痕，指数

"缩痕，指数"反映塑件上产生缩痕的相对可能性，如图 11-26 所示。缩痕指数值越大的区域，表明此区域出现缩痕或缩孔的可能性越高。

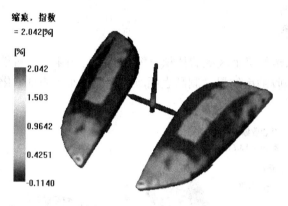

图 11-26　缩痕，指数

5. 缩痕估算/缩痕阴影

显示在零件上模拟的缩痕，显示零件中缩痕的计算深度，并且显示一个详细说明深度差异的图例。缩痕通常出现在包含较厚部分的成型物中，或者出现在与加强筋、定位柱或内圆角相对的位置。

6. 第一（二）主方向上的型腔内残余应力

第一主方向上的型腔内残余应力结果显示顶出之前取向方向上的应力；第二主方向上的型腔内残余应力结果显示顶出之前与第一方向垂直的方向上的应力。残余应力由模具填充或保压过程中所产生的剪切应力产生，可能导致使用中零件过早失效或者零件翘曲和变形。

复习与练习

对零件模型进行填充+保压分析，如图 11-27 所示。

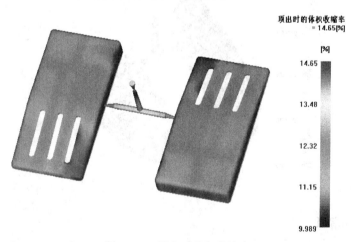

图 11-27　顶出时体积收缩率

第 *12* 讲 冷却分析

　　冷却分析用于判断冷却系统的冷却效果，根据冷却模拟所计算出的冷却时间来确定成型周期。另外通过冷却分析来优化冷却管布局，以此降低成型周期。

本讲要点

　　📖 冷却分析工艺设置

　　📖 冷却分析结果查看

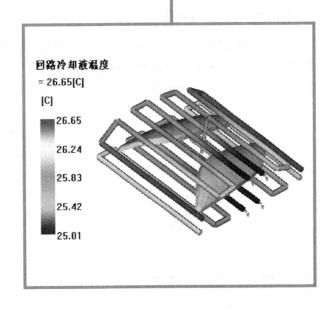

12.1 冷却分析应用示例

冷却分析用于判断冷却系统的冷却效果，根据冷却模拟所计算出的冷却时间确定成型周期。另外在获得均匀冷却的基础上，优化冷却管布局，缩短冷却时间，从而降低成型周期，提高生产效率。本节将演示车灯面罩冷却过程，示例模型及分析结果如图 12-1 所示。

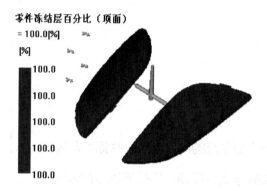

图 12-1　冷却分析结果

※ STEP 1　打开工程

启动 Moldflow。单击工具栏上的【打开】图标 📂，打开工程 case.mpi。

※ STEP 2　复制方案任务

在工程视窗中右击 dengzhao（flow）图标，在弹出的快捷菜单中选择"重复"命令，如图 12-2 所示，复制一个方案"dengzhao（flow）（复制）"，将其重命名为 dengzhao（cool），如图 12-3 所示。双击 dengzhao（cool）选项将其打开。

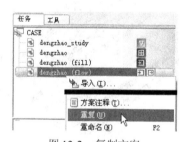

图 12-2　复制方案

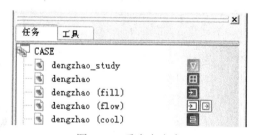

图 12-3　重命名方案

※ STEP 3　设置分析类型

单击工具栏上的【分析序列】图标 📊，打开【选择分析序列】对话框，选择"冷却"，如图 12-4 所示。单击【确定】按钮，在任务窗口显示分析类型为"冷却"，如图 12-5 所示。在层管理窗口中打开"冷却系统"，在模型显示区域中显示带有冷却系统的车灯面罩模型，如图 12-6 所示。

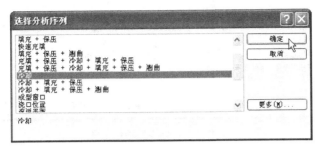

图 12-4　选择分析序列

图 12-5　方案任务窗口

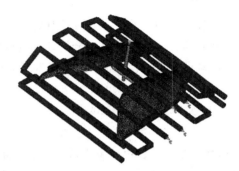

图 12-6　车灯面罩模型

※ STEP 4　工艺设置

双击方案任务窗口中的【工艺设置】图标 工艺设置 (默认)，系统弹出【工艺设置向导–冷却设置】对话框，系统默认的参数是在材料数据库中读取的。

设置熔体温度为 290℃；开模时间为 5s，注射+保压+冷却时间的总和采用"自动"方式，如图 12-7 所示。

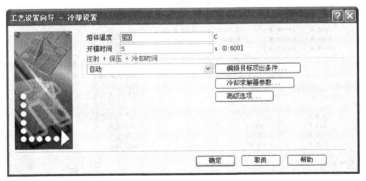

图 12-7　冷却工艺设置

单击【编辑目标顶出条件】按钮，弹出如图 12-8 所示对话框，设置顶出温度为 132℃，顶出温度最小零件百分比为 100%，确定返回工艺设置。

单击【确定】按钮，完成冷却工艺参数的设置。

> 提示：目标零件顶出条件与材料相关，默认的数据由材料数据库中读取。

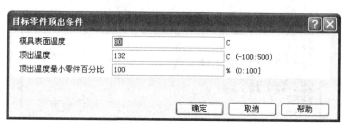

图 12-8　目标零件顶出条件

※ STEP 5　提交计算

双击方案任务窗口中的 立即分析! (A) 图标，系统弹出【选择分析类型】对话框，单击【确定】按钮，求解器开始分析计算。分析计算过程中，分析日志窗口包括了回路中的冷却液流动速率、冷却液温度、模腔温度结果信息等，包括水路温差、制品温度、推荐的冷却时间、模腔温度结果等信息，如图 12-9 所示与图 12-10 所示。分析完成后弹出【分析完成】对话框，说明本任务已经分析完成。

> 提示：分析过程中的警告信息显示部分柱体网格单元的长/径比非常差，由于该部分单元为浇注系统中的柱体单元，因此，警告信息不影响冷却分析结果。

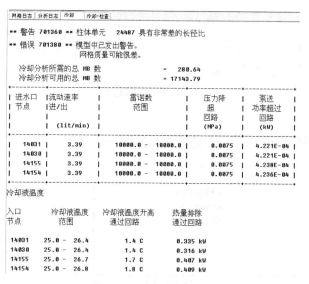

图 12-9　冷却分析日志　　　　　　　图 12-10　型腔温度结果摘要

※ STEP 6　查看结果

分析计算结束后，Moldflow 生成大量的文字、图像和动画结果，分类显示在方案任务窗口中，如图 12-11 所示。

选中"回路冷却液温度"复选框，以颜色显示回路冷却液温度，如图 12-12 所示，温度范围为 25.01～26.65。

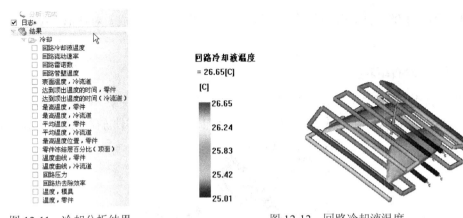

图 12-11　冷却分析结果　　　　　　图 12-12　回路冷却液温度

选中"零件冻结层百分比（顶面）"复选框，显示冷却结束时的零件冻结比例，如图 12-13 所示，零件冻结层在局部区域偏低，需要增加冷却时间。

图 12-13　零件冻结层百分比（顶面）

※ STEP 7　更改冷却时间

双击方案任务窗口中的【工艺设置】图标 工艺设置 (默认)，系统弹出【工艺设置向导-冷却设置】对话框，注射+保压+冷却时间的总和设为"指定"，指定时间为 12s，如图 12-14 所示。单击【确定】按钮，完成冷却工艺参数的设置。

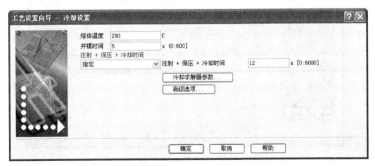

图 12-14　冷却工艺设置

※ STEP 8　提交计算

双击方案任务窗口中的 立即分析！(A) 图标，系统弹出【选择分析类型】对话框，单击

【确定】按钮，求解器开始分析计算。分析完成后弹出【分析完成】对话框，说明本任务已经分析完成。

※ STEP 9　查看结果

分析计算结束后，在方案任务窗口中显示冷却分析结果列表。选中"零件冻结层百分比（顶面）"复选框，显示冷却结束时的零件冻结比例，如图 12-15 所示，零件冻结层比例基本达到 100。

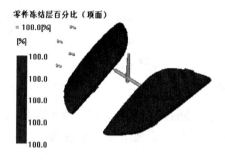

图 12-15　零件冻结层百分比（顶面）

※ STEP 10　保存方案

在顶部单击【保存方案】图标 ，保存文件。

12.2　冷却分析工艺参数设置

冷却分析用于分析塑料注射模具中热量流动的热传导模拟，模拟整个周期内的平均温度分布，用于确定使用塑料填充的型腔中的温度和整个模具中的温度以及冷却时间，从而优化零件设计的各个方面，包括冷却时间、周期时间及模具冷却系统设计。

当网格模型为 3D 时，可以进行瞬间冷却分析，适用于急冷急热模具的冷却分析。

冷却分析的工艺设置选项如图 12-16 所示。相关参数主要包括以下几个方面。

图 12-16　成型参数设置向导

提示：在选择的分析类型中，若填充在前而冷却在后时，工艺设置中，冷却设置将在后一页，并且没有注射+保压+冷却时间选项。

1. 熔体温度

熔体温度指定熔料开始流入模具中时的温度。

2. 开模时间

开模时间是指顶出产品时模具打开的时间。在这段时间中，产品和模具之间没有热传递，但是在模具与冷却水路之间有热传递。

3. 注射＋保压＋冷却时间

冷却分析使用这个值来定义模具跟塑料接触的时间。充填、保压和冷却的时间各为多少并不重要，冷却分析只需要这 3 个时间的总和。

（1）用户：直接输入成型周期，冷却分析根据这个时间来计算冷却分析的结果。

（2）自动：自动计算冷却时间。单击"注射+保压+冷却时间"的下拉按钮，选择"自动"方式，单击【编辑目标顶出条件】按钮，弹出如图 12-17 所示的【目标零件顶出条件】对话框。需要指定模具表面温度、顶出温度与顶出温最小零件百分比。运行自动周期时间时，求解器首先尝试确定达到平均模具表面温度所需的时间；如果无法实现，将通过使"顶出温度最小零件百分比"低于"顶出温度"所用的时间来确定周期时间。一般情况下，要求产品必须 100%凝固，并且温度的差异小于 1℃。

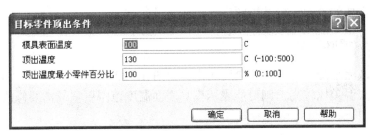

图 12-17　【目标零件顶出条件】对话框

4. 冷却求解器参数

【冷却求解器参数】对话框如图 12-18 所示，包括"模具温度收敛公差"、"最大模温迭代次数"等选项，将影响分析的精度与计算的时间。

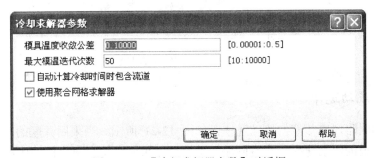

图 12-18　【冷却求解器参数】对话框

12.3 冷却分析结果

冷却分析结果信息列表如图 12-19 所示，主要信息包括了回路流动速率、回路冷却液温度、回路管壁温度、零件与流道的平均温度和最高温度等。

图 12-19 冷却分析结果列表

下面介绍主要的冷却分析结果图。

1．回路冷却液温度

显示冷却液流经冷却管道时的温度变化，如图 12-20 所示，入口到出口温升一般不应超过 3℃。如果温差比较高，则可能表示模具表面温度范围更宽，需要修改冷却回路，如增加冷却液入口。

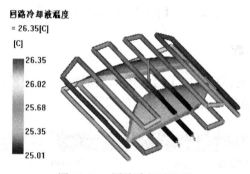

图 12-20 回路冷却液温度

2．回路流动速率

显示冷却回路内冷却液的流动速率，如图 12-21 所示。当采用并联的冷却回路时，可以查看不同管道的流动速率。查看回路流动速率结果时，检查每个回路中冷却液流动速率的总和是否小于冷却液泵容量。

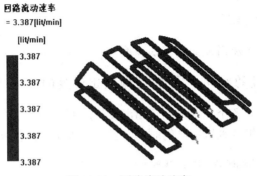

图 12-21　回路流动速率

3. 回路雷诺数

　　显示冷却回路中冷却液的雷诺数，如图 12-22 所示。雷诺数是用来表征液体流动状态的一个纯数，理想的雷诺数为 10000，通常雷诺数应大于 4000 可确保回路内有湍流，从而能有效冷却。

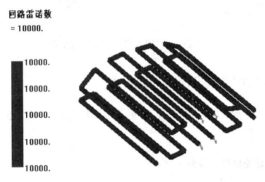

图 12-22　回路雷诺数

4. 回路管壁温度

　　显示回路管壁温度，即冷却液与模具的界面温度，如图 12-23 所示。通过这个结果，可以看到回路中热量传递最高的部位，如果该温度太高，则表示需要加强冷却。

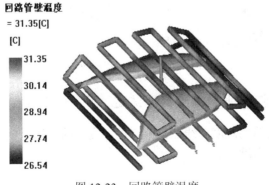

图 12-23　回路管壁温度

5. 表面温度，冷流道

显示与模具接触的冷流道表面的平均温度。

6. 达到顶出温度的时间，零件/达到顶出温度的时间（冷流道）

显示零件（冷流道）各个位置达到顶出温度的时间，如图 12-24 所示。一般要求零件完全冻结才能顶出，如果某区域冻结的时间较长，则表明该部位需要加强冷却。

图 12-24　达到零件顶出温度的时间

7. 最高温度，零件/最高温度，冷流道

显示了冷结束后塑件（流道）表面上的最高温度，如图 12-25 所示。塑件顶出时，最高温度应该低于顶出温度。

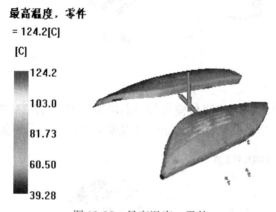

图 12-25　最高温度，零件

8. 平均温度，零件/平均温度，冷流道

冷却时间结束时计算的温度曲线在整个零件厚度中的平均温度，如图 12-26 所示。这个温度要求远低于顶出温度。

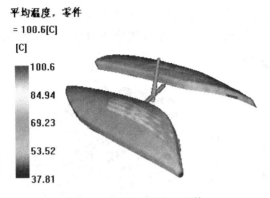

图 12-26 平均温度，零件

9. 最高温度位置，零件

显示了成型周期内零件相对于底面（值=0）平均最高温度位置，通常零件表面应该在 0.5 左右。

10. 零件冻结层百分比（顶面）

显示了冷却结束时，塑件各凝固层厚度点全部厚度的百分比，如图 12-27 所示。通常塑件凝固层百分比达到 80%，流道凝固层百分比达到 50%时即可顶出。

图 12-27 零件冻结层百分比（顶面）

11. 温度曲线，零件/温度曲线，冷流道

显示了零件从顶面到底面的温度分布，可以与"填充末端冻结层因子"结果结合使用。

12. 回路热去除效率

显示冷却系统中的相对效率，如图 12-28 所示。可以评价每条管道在冷却上的效率。

13. 回路压力

显示一个周期内压力沿冷却回路的平均分布情况，从入口回路压力到出口回路压力，压力在冷却液入口处最高，在冷却液出口处最低。冷却回路内的压力应保持均匀分布。冷却问题（如喷水管或隔水板尺寸太小）会导致冷却回路内的压力降很大。

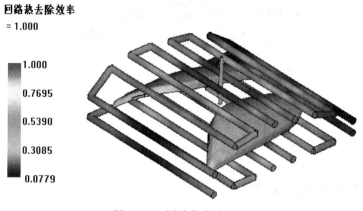

图 12-28　回路热去除效率

14．温度，模具/温度，零件

显示了整个周期内零件单元的模具/零件界面的模具侧（零件侧）的平均温度。利用该结果可找出局部的热点或冷点。

复习与练习

进行如图 12-29、图 12-30 所示的零件的冷却分析，并进行结果查看。

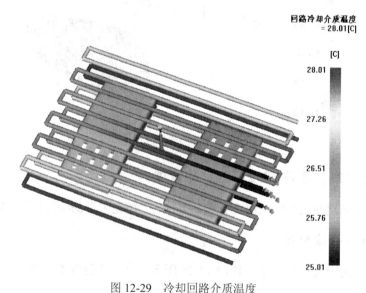

图 12-29　冷却回路介质温度

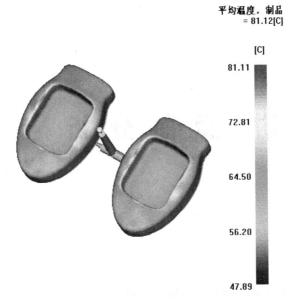

平均温度，制品
= 81.12[C]

[C]
81.11

72.81

64.50

56.20

47.89

图 12-30　平均温度，零件

第13讲 翘曲分析

　　零件在成型过程中由于冷却不均、收缩不均、分子配向性效应等原因导致翘曲变形。Moldflow 翘曲分析可以判断成型零件产生的翘曲量，以及分析翘曲原因。

本讲要点

　📖 翘曲分析工艺设置

　📖 翘曲分析结果查看

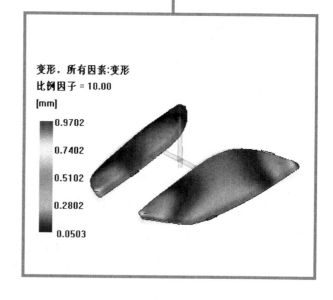

变形，所有因素:变形
比例因子 = 10.00
[mm]

0.9702

0.7402

0.5102

0.2802

0.0503

13.1 翘曲分析应用示例

翘曲分析一般是在冷却和流动已经优化完成后再进行。翘曲分析的第一步是确定翘曲的类型、范围及原因。判断翘曲量是否在接受范围。如果不能接受,就必须进行参数优化来降低零件的翘曲。本节将演示车灯面罩翘曲分析过程,示例模型及分析结果如图 13-1 所示。

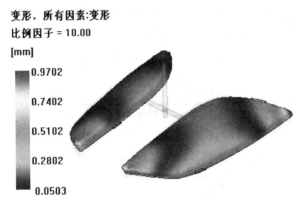

图 13-1 变形,所有因素:变形

※ STEP 1 打开工程

启动 Moldflow。单击工具栏上的【打开】图标🖿,在【打开】对话框中选择 case.mpi,单击【打开】按钮,在工程视窗中双击 dengzhao(cool)图标,打开方案任务窗口,如图 13-2 所示。在模型显示区域中显示带有冷却系统的车灯面罩模型,如图 13-3 所示。

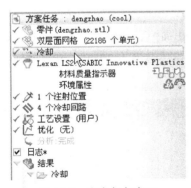

图 13-2 方案任务窗口

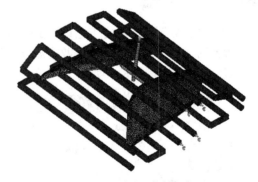

图 13-3 车灯面罩模型

※ STEP 2 设置分析类型

双击方案任务窗口中的【冷却】图标✓️ 冷却,系统弹出【选择分析序列】对话框,选择"冷却+填充+保压+翘曲"分析类型,如图 13-4 所示。

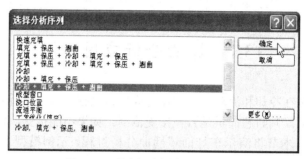

图 13-4　【选择分析序列】对话框

在工程窗口中，方案任务后的标记由原来的 ▤ 变为 ▤▤▤▤。在方案任务窗口中，分析类型显示为"冷却+填充+保压+翘曲"，如图 13-5 所示。

图 13-5　方案任务窗口

提示： 当修改分析类型与前面的分析类型相关时，显示为"继续分析"将保留原有分析结果，但一旦工艺设置作了更改，就需要全部重新分析。

※ STEP 3　工艺设置

双击方案任务窗口中的【工艺设置】图标 √ 🦾 **工艺设置 (用户)**，系统弹出【工艺设置向导–冷却设置】对话框，系统保留前面做冷却分析的参数，熔体温度为 293℃；开模时间为 5s，注射+保压+冷却时间为 16s，如图 13-6 所示。

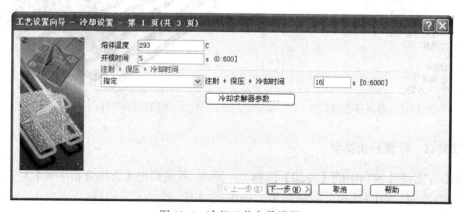

图 13-6　冷却工艺参数设置

单击【下一步】按钮，进入【工艺设置向导-填充+保压设置】对话框，设置填充控制和保压控制，如图 13-7 所示。

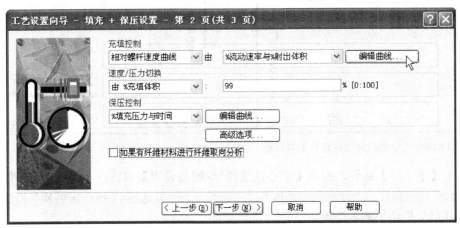

图 13-7 【工艺设置向导-填充+保压设置】对话框

选择"充填控制"方式为"相对螺杆速度曲线"，由"%流动速率与%射出体积"，单击【编辑曲线】按钮，弹出【充填控制曲线设置】对话框，设置"%射出体积"与对应的"%流动速率"，如图 13-8 所示。单击【绘制曲线】按钮，显示 XY 图，如图 13-9 所示。单击【确定】按钮返回【工艺设置向导-填充+保压设置】对话框。

图 13-8 【充填控制曲线设置】对话框

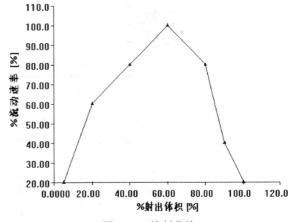

图 13-9 绘制曲线

设置"速度/压力切换"控制方式为"由%充填体积"，并指定为 99%。

设置"保压控制"方式为"%填充压力与时间"，采用充填压力百分比和时间的关系，单击"保压控制"右侧的【编辑曲线】按钮，弹出【保压控制曲线设置】对话框，设置"持续时间"与对应的"%充填压力"，如图 13-10 所示。单击【绘制曲线】按钮，显示 XY 图，如图 13-11 所示。确定返回【工艺设置向导-填充+保压设置】对话框，取消选中"如果有纤维材料进行纤维取向分析"复选框。

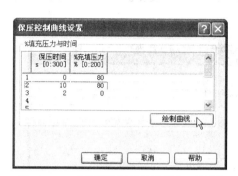

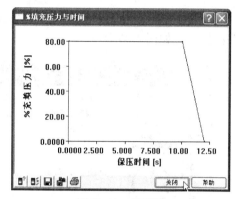

图 13-10　【保压控制曲线设置】对话框　　　　图 13-11　曲线图

单击【下一步】按钮，弹出【工艺设置向导–翘曲设置】对话框，如图 13-11 所示。选中"考虑模具热膨胀"、"分离翘曲原因"、"考虑角效应"复选框，"矩阵求解器"为"自动"，目的是获得分析结果的各个因素。

单击【完成】按钮，结束"冷却+填充+保压+翘曲"分析的工艺过程参数定义。

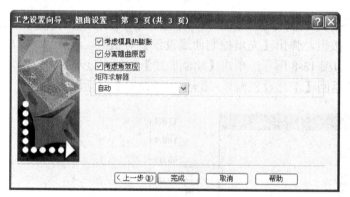

图 13-12　工艺设置向导–翘曲设置

系统弹出提示窗口提示是否删除原方案，如图 13-13 所示，单击【创建副本】按钮，此时在任务窗口将创建一个新方案"dengzhao（cool）（复制品）"，将其重命名为 dengzhao（warp）。

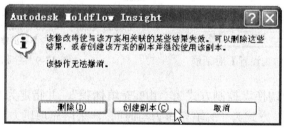

图 13-13　创建副本

※ STEP 4　提交计算

双击方案任务窗口中的 立即分析!（A）图标，系统弹出【选择分析类型】对话框，单击【确定】按钮，求解器开始分析计算。分析计算过程中，屏幕输出了如下相关分析信息。

分析过程中的警告信息：提示部分单元的长/径比很差。

冷却过程信息：包括迭代次数，循环时间等。

充填分析过程：显示时间、充填体积、压力等变化过程。

保压过程：显示保压过程中时间、保压百分比、保压压力和锁模力的关系。

翘曲分析结果，在 X、Y 和 Z 三个方向的位移如图 13-14 所示。

分析执行时间及翘曲分析成功信息。

最后弹出分析成功对话框，确定"冷却+填充+保压+翘曲"分析完毕。

图 13-14　翘曲分析日志

※ STEP 5　查看结果

分析计算结束后，Moldflow 生成大量的文字、图像和动画结果，分类显示在方案任务窗口中，如图 13-15 所示。选中"变形，所有因素：变形"复选框，显示结果如图 13-16 所示，显示零件的翘曲变形量，最大为 0.9702mm。

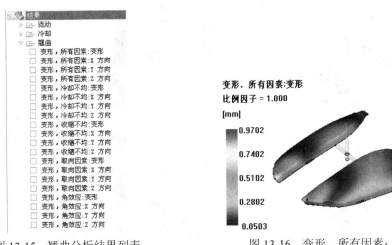

图 13-15　翘曲分析结果列表　　　　图 13-16　变形，所有因素：变形

> **提示：** 翘曲变形只考虑零件的翘曲变形，不考虑浇注系统的变形。

在工具栏上单击【结果】图标，显示【结果】工具栏，单击【图形属性】图标，弹出【图形属性】对话框，单击【变形】标签，设置"比例因子"值为 10，如图 13-17 所示，单击【确定】按钮，将变形结果进行 10 倍放大，图形更新显示如图 13-18 所示。

图 13-17　图形属性

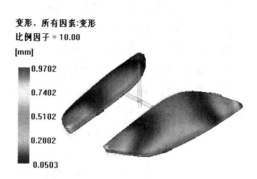

图 13-18　变形，所有因素：变形

※ **STEP 6** 拆分窗口显示结果

在工具栏中单击【拆分】图标，指定图形区的中点将图形区分为 4 个窗口。选择一个窗口，选中结果中"变形，冷却不均：变形"显示由冷却不均导致的翘曲变形量；选择另一个窗口，选中结果中"变形，收缩不均：变形"显示由收缩不均导致的翘曲变形量；再选择另一个窗口，选中结果中"变形，取向因素：变形"显示由取向因素导致的翘曲变形量；最后选择一个窗口，选中结果中"变形，角效应：变形"显示由角效应导致的翘曲变形量，显示如图 13-19 所示。

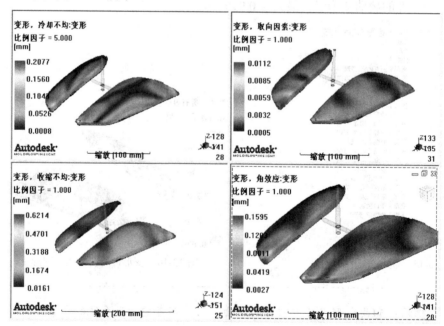

图 13-19　拆分窗口显示结果

※ **STEP 7** 保存方案

在顶部单击【保存方案】图标，保存文件。

13.2 翘曲分析工艺参数设置

翘曲分析用于预测塑件发生翘曲变形的情形，分析产生翘曲的原因，从而指导模具设计优化与工艺参数的合理设置。

引起制件翘曲变形的基本原因就是制件的收缩，如果制件的各个部位和各个尺寸方向上收缩一致，那么制件只会在尺寸上缩小而不会翘曲变形，所以只要能控制好制件收缩量的差异，就能减少翘曲变形量及避免翘曲变形的发生。制件中收缩差异主要来自 3 个方面：

（1）制件各部分的收缩不同。

（2）制件厚度方向的收缩不均匀。

（3）平行于分子取向与垂直于分子取向方向的收缩不同。

翘曲分析通常在填充+保压和冷却分析完成后进行，在 Moldflow 2012 中，有 3 种包含冷却分析的分析序列可供选择。分别为"冷却+填充+保压+翘曲"、"填充+冷却+填充+保压+翘曲"和"填充+保压+冷却+填充+保压+翘曲"。"冷却+填充+保压+翘曲"分析类型是假设在第一次迭代计算时塑料处于熔料温度并且瞬时充填满产品；另外两个分析类型都是假设模具温度为一常数来进行第一次迭代求解。通常在初始条件中假设料流温度是均匀的所得到的翘曲结果比假设模具温度是均匀的所得到翘曲结果更准确。因此首选的分析类型是"冷却+填充+保压+翘曲"。

"冷却+填充+保压+翘曲"分析的工艺设置包括了冷却和填充+保压的工艺参数设置，工艺设置向导的第 1 页为"冷却设置"，第 2 页为"填充+保压设置"。

工艺设置向导的第 3 页为"翘曲设置"，如图 13-20 所示为双层面网格模型的翘曲设置选项。

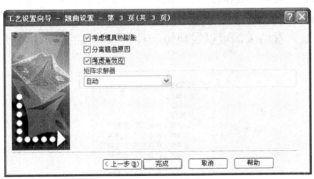

图 13-20 工艺设置向导–翘曲设置

1. 考虑模具热膨胀

选中该复选框，分析考虑模具热膨胀对分析结果的影响。在注塑工程中，随着模具温度升高，模具本身会产生热膨胀现象，因此需要考虑模具膨胀对分析结果的影响。

2. 分离翘曲原因

选中该复选框，分析时系统自动独立分离翘曲的产生因素，例如由于冷却不均导致翘曲、分子配向导致翘曲变形或者在加有玻纤情况下的翘曲变形等。

3．考虑角效应

选中该复选框，分析时系统计算锐角的影响因素。由于零件的拐角区域吸收热量的能力较低，从而会导致冷却不均匀并产生热应力；同时由于模具的限制会使塑件锐角区域的厚度方向比平面方向的收缩更大，因此在锐角部位可能产生较大的变形。

4．矩阵求解器

选择使用的迭代求解器，有以下 4 个选项。

（1）自动：分析将自动使用适合模型大小的矩阵求解器。对于小型模型，可以使用"直接"选项。对于大型模型，使用迭代矩阵求解器可减少分析时间和内存要求，从而提高求解器的性能。AMG 选项为首选项，除非内存要求变成限制因子。

（2）直接：直接求解器是适用于小型到中型模型的简单矩阵求解器。直接求解器对于大型模型而言效率较低，而且需要大量内存（磁盘交换空间）。

（3）AMG：AMG（代数多重栅格）迭代求解器对大型模型非常有效。选择此选项可以显著减少分析时间，但与 SSORCG 选项相比，它需要更多的内存。

（4）SSORCG：对于大型模型，SSORCG（对称逐次超松弛共轭梯度）迭代求解器（以前称为"迭代求解器"）比 AMG 选项效率低，但需要的内存较少。

13.3　翘曲分析结果

翘曲分析完成后，将显示翘曲分析结果，在方案任务窗口中将显示翘曲结果列表，如图 13-21 所示。翘曲变形按原因分别列出其结果，而每一个原因还分为总变形与 X、Y、Z 方向上的变形。通过查看结果，可以发现每一种原因导致的变形量，并确定哪几种原因导致变形最大。

图 13-21　翘曲分析结果列表

1. 变形，所有因素

"变形，所有因素"显示产品总体翘曲变形量，包含了各个因素所引起的翘曲变形。如图 13-22 所示为 Z 方向的变形。

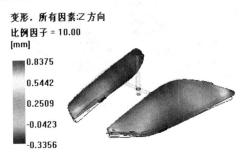

图 13-22　变形，所有因素：Z 方向

2. 变形，冷却不均

产品两侧冷却时间不一致，引起两侧收缩差异。"变形，冷却不均"显示了由此导致的翘曲变形量，如图 13-23 所示。

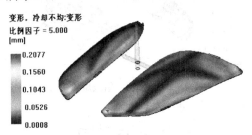

图 13-23　变形，冷却不均：变形

3. 变形，收缩不均

产品结构、壁厚不均匀，引起收缩不均匀。"变形，收缩不均"显示了由此导致的翘曲变形量，如图 13-24 所示。

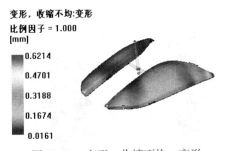

图 13-24　变形，收缩不均：变形

4. 变形，取向因素

由于材料流动方向和垂直流动方向收缩不均匀，"变形，取向因素"显示了由此导致的

翘曲变形量，如图 13-25 所示。

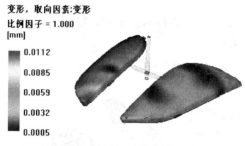

图 13-25　变形，取向因素：变形

5. 变形，角效应

深盒状产品角落处热量集中，收缩较大，带来弯曲变形，需加强角落处冷却。"变形，角效应"显示了由此导致的翘曲变形量，如图 13-26 所示。

图 13-26　变形，角效应：变形

复习与练习

分析零件模型的翘曲变形量，如图 13-27 与图 13-28 所示。

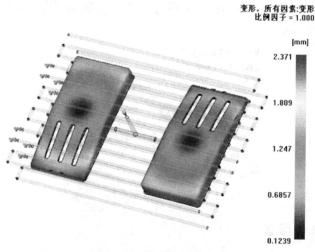

图 13-27　翘曲分析结果 1

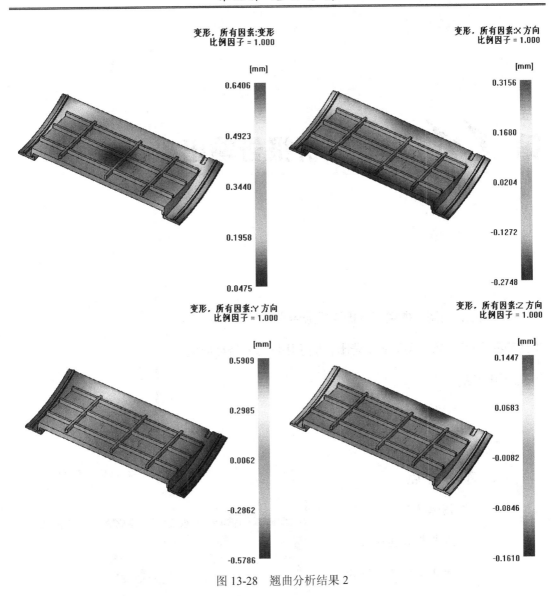

图 13-28 翘曲分析结果 2

第 *11* 讲 分析报告输出

Moldflow 为用户提供了分析结果报告文件，以 HTML
格式或者 PPT、WORD 格式导出，便于用户对分析结果进
行交流和总结。

本讲要点

- 图像捕获
- 分析报告选项设置
- 手工创建分析报告
- 向导方式创建分析报告

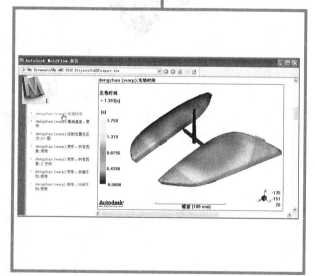

14.1　分析报告输出应用示例

Moldflow 完成分析任务后，可以生成分析报告，便于用户对分析结果进行交流与总结。如图 14-1 所示为分析报告示例。

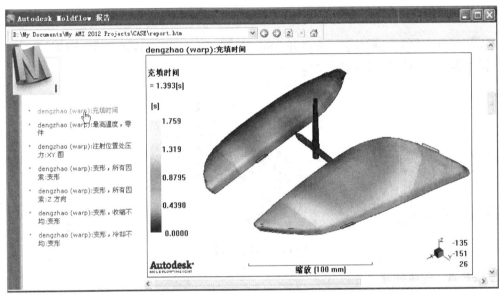

图 14-1　分析报告

※ STEP 1　打开工程

启动 Moldflow。打开工程 case.mpi。在工程视窗中双击打开名为 dengzhao（warp）的方案，显示如图 14-2 所示的车灯面罩模型。方案任务窗口中显示流动、冷却、翘曲分析结果，如图 14-3 所示。

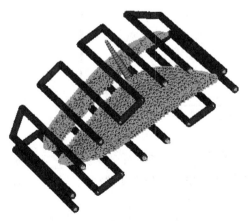

图 14-2　车灯面罩模型

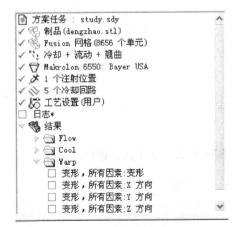

图 14-3　方案任务窗口

※ STEP 2 显示报告工具条

单击工具栏上的【报告】图标，显示【报告】工具栏，如图 14-4 所示。

图 14-4 【报告】工具栏

※ STEP 3 显示 STL 模型

在层管理窗口关闭所有层，再打开"Stl 表示"层，在图形显示区显示模型，将其调整到合适的视角，显示如图 14-5 所示。

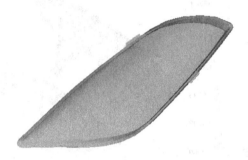

图 14-5 显示 Stl 模型

※ STEP 4 图像捕获

单击工具栏上的 到文件 图标，系统打开【发布】对话框，选择合适的路径，指定文件名为 dengzhao-fm，文件类型为"JPEG 图像"，单击【保存】按钮保存当前激活窗口的屏幕截图的图片文件。

图 14-6 发布

※ STEP 5 显示网格模型

在层管理窗口关闭"Stl 表示"层，打开"新建三角形"与"新建柱体"层显示模型与浇注系统的网格模型，并将其调整到合适的视角。

提示：创建报告前所定的视角将作为图像的默认旋转角度。

※ STEP 6   选择方案

单击【报告向导】图标 ，系统弹出【报告生成向导–方案选择】对话框。在左侧"可用方案"中选择 dengzhao（wrap），单击【添加】按钮将其添加到"所选方案"中，如图 14-7 所示。

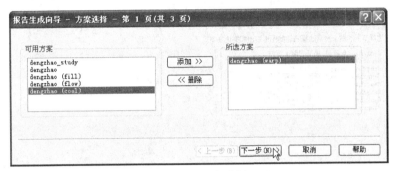

图 14-7   方案选择

※ STEP 7   选择结果

单击【下一步】按钮进入【报告生成向导–数据选择】对话框。在左侧"可用数据"中选择分析结果数据"最高温度，零件"、"注射位置处压力：XY 图"、"充填时间"、"变形，所有因素：变形"、"变形，所有因素：Z 方向"、"变形，收缩不均：变形"、"变形，冷却不均：变形"、"机器设置"等项，单击【添加】按钮将其添加到"选中数据"中，如图 14-8 所示。

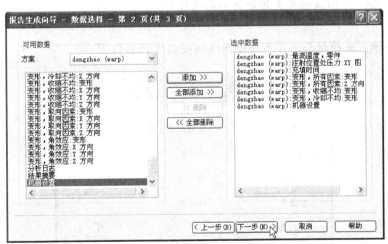

图 14-8   数据选择

提示：可以逐个选择添加，也可以按住 Ctrl 键进行多选一次性添加多个分析结果数据。

※ STEP 8 报告布置

单击【下一步】按钮，弹出【报告生成向导–报告布置】对话框，如图 14-9 所示。

选择报告格式为"HTML 文档"，报告模板采用"标准模板"，并选择"缺省模板"。

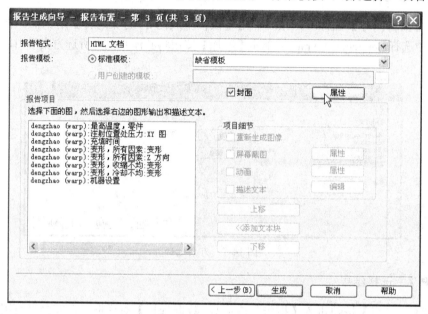

图 14-9 报告布置

※ STEP 9 封面设置

选中"封面"复选框，单击【属性】按钮，弹出【封面属性】对话框，填写相关信息，如图 14-10 所示。单击【确定】按钮完成封面设置。

> **提示：** 选择封面图片为前面图像捕获创建的 JPG 图片。

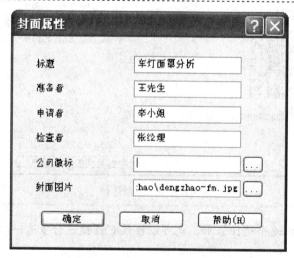

图 14-10 【封面属性】对话框

※ STEP 10 项目细节设置

选择"报告项目"列表框中的"dengzhao（warp）：充填时间"，取消选中"屏幕截图"复选框，再选中"动画"复选框，如图 14-11 所示。

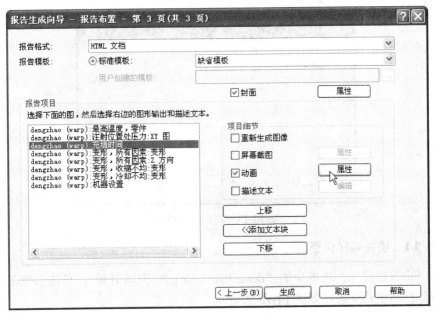

图 14-11 截取屏幕属性

单击"动画"复选框右边的【属性】按钮，弹出【动画属性】对话框，如图 14-12 所示，选中"生成动画"单选按钮，指定动画格式、动画尺寸以及动画的旋转角度。单击【确定】按钮，返回【报告生成向导–报告布置】对话框。

选择"报告项目"列表框中的"dengzhao（warp）：变形，所有因素：Z 方向"，单击"屏幕截图"右边的【属性】按钮，弹出【屏幕截图属性】对话框，指定旋转角度为"90 0 0"如图 14-13 所示。单击【确定】按钮，返回【报告生成向导–报告布置】对话框。

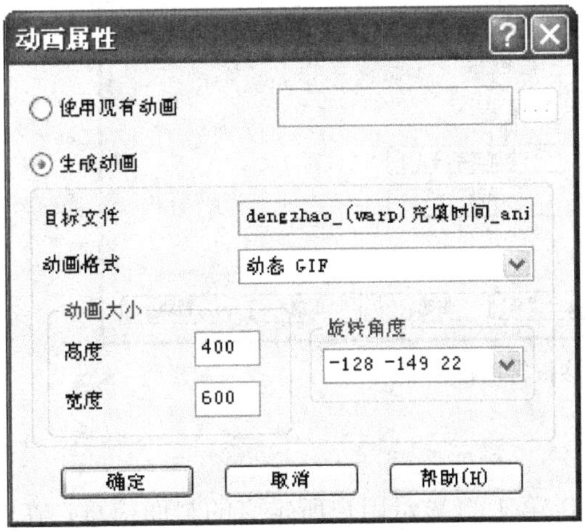

图 14-12 【动画属性】对话框

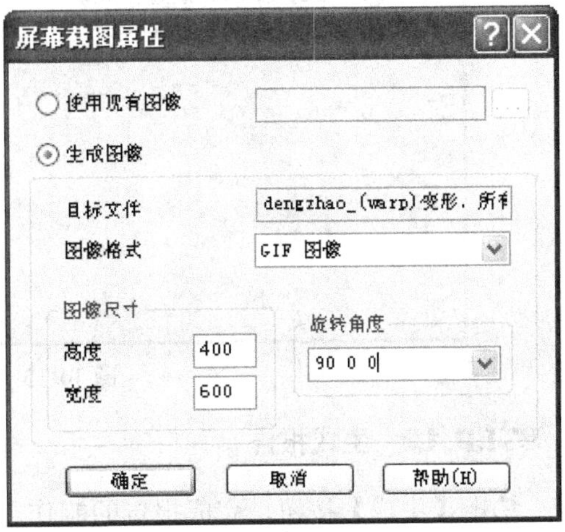

图 14-13 【屏幕截图属性】对话框

选择"报告项目"列表框中的"dengzhao（warp）：变形，所有因素：Z 方向"，选中"描述文本"复选框，单击"描述文本"复选框右边的【编辑】按钮，弹出【报告项目描述】对话框，输入文本"Z 向翘曲量较大！"，如图 14-14 所示。单击【确定】按钮，返回【报告生成向导–报告布置】对话框。

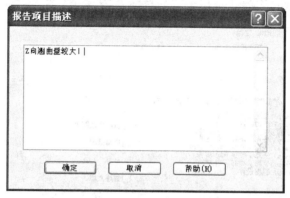

图 14-14　报告项目描述

※ STEP 11　项目顺序调整

选择"报告项目"列表框中的"dengzhao（warp）：充填时间"，单击右侧的【上移】按钮，将其移动至第一条，如图 14-15 所示。

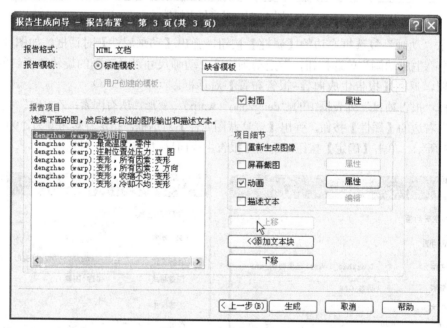

图 14-15　上移报告项目

※ STEP 12　生成报告

单击【生成】按钮，完成报告的制作。报告第 1 页显示用户所定义的封面信息，在左侧显示各个报告项目的链接，如图 14-16 所示。

在工程视窗中将显示一个名为 report 的方案。打开输出报告的方案 dengzhao（warp），在方案任务窗口中，可以观察到分析结果中输出报告的项目下增加了一个报告项，如图 14-17 所示。

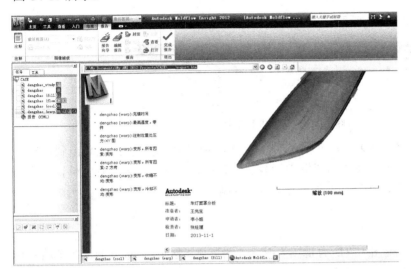

图 14-16　报告第 1 页　　　　　　　　　　　图 14-17　输出项

同时 Moldflow 的工程文件夹将创建一个文件夹，将所有的 HTML 文件、图片、动画等文件均保存在这一文件夹中。

※ STEP 13　查看报告

在报告的左侧单击"dengzhao（warp）：变形，所有因素：Z 方向"，显示 Z 方向翘曲变形结果，如图 14-18 所示。

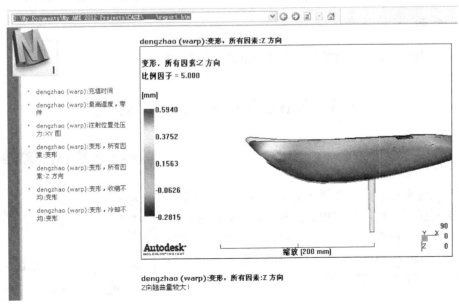

图 14-18　查看报告

14.2 图 像 捕 获

【报告】工具栏如图 14-19 所示，可以进行生成报告的各种操作。

图 14-19 【报告】工具栏

注释功能用于对当前的结果增加文字说明，这些文字说明将随分析结果导出到报告。

图像捕获功能可以将当前视图的图像进行截取，并可以将其保存为图片文件，或者剪切到 Windows 的剪贴板上，可以在其他应用程序中粘贴。

1．视图选择

视图可以选择"激活视图"、"所有视图"或者"图形显示区域"，选择激活视图将只捕捉活动窗口，也就是模型显示区的图像。

2．到剪贴板

将当前视图的图像进行截取，并放置到剪贴板上，可以在其他应用程序中，如 Word、Photoshop 等软件中直接粘贴。

3．到文件

将当前的图像直接保存为一个图片文件，可以选择图片的格式为 BMP、JPG、TIFF、GIF。

4．动画

可以将当前结果的动画保存为动画 GIF 或者影片 AVI 格式。

14.3 Moldflow 报告手工创建

1．封面

用户创建报告封面。选择"封面"命令将弹出【封面属性】对话框，可以指定相关内容，包括有标题、准备者、申请者、检查者等信息，并可以选择公司徽标与封面图片，如图 14-20 所示。所有的文字信息将显示在图片文件之后，如图 14-21 所示。

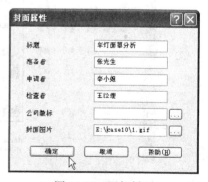

图 14-20 添加封面

2．文本

输入文本创建报告内容，可以输入相关说明，如产品、模具特点及要求等。添加文本块选项用于给报告添加文本信息。

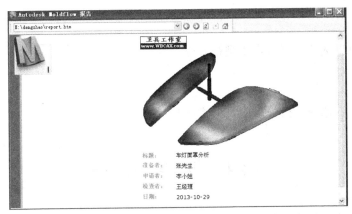

图 14-21　封面示例

3．图像

将当前视窗中显示的分析结果以图片形式添加到报告中。用户先选择方案任务窗口中的一项分析结果，再选择"图像"命令，弹出【添加图像】对话框，如图 14-22 所示，在【添加图像】对话框中出现名称"dengzhao-Study（翘曲）：充填时间"。在该对话框中，用户可以在描述文本框中输入文字，再单击【图像属性】按钮，进入【屏幕截图属性】对话框，如图 14-23 所示，编辑图像屏幕截图属性，可以选择现有的图像，也可以生成图像。生成图像时可以指定图像格式，并指定图像尺寸与旋转角度，单击【确定】按钮，完成"充填时间"分析结果报告添加。

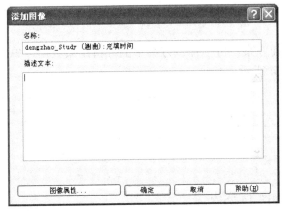

图 14-22　【添加图像】对话框

图 14-23　【屏幕截图属性】对话框

> **提示**：添加图像中描述文本将显示的图像之后；而添加文本则将单独生成一页，有标题与链接。

4. 动画

将动态变化的分析结果（如充填时间、压力等）以动画的形式添加到报告中。操作方法与“添加图像”命令操作方法相似。

5. 查看

选择“查看”选项，报告在模型视区内打开。

6. 打开

选择“打开”选项，报告以网页形式打开。

14.4 报 告 向 导

采用向导创建报告非常简便，用户可以根据向导提示流程，添加信息即可生成分析结果报告。报告向导分为方案选择、数据选择与报告设置 3 页。

1. 方案选择

选择已作过分析具备分析结果的方案，在左侧选择方案，单击【添加】按钮将其加入所选方案。生成一份报告可以选择多个方案，选择错误的方案，可以在右侧的所选方案选中，单击【删除】按钮将其排除。

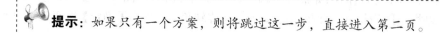

提示： 如果只有一个方案，则将跳过这一步，直接进入第二页。

2. 数据选择

选择方案中的分析结果，在左侧先选择方案，再选择该方案中的分析结果数据，单击【添加】按钮将其加入选中数据，如图 14-24 所示。

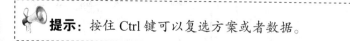

提示： 按住 Ctrl 键可以复选方案或者数据。

3. 报告布置

报告布置用于设置输出报告的形式，如图 14-25 所示。

（1）报告格式：指定生成报告的文件类型，包括 HTML 文档、Microsoft Word 文档、Microsoft PowerPoint 演示 3 种类型的文档。

（2）报告模板：决定报告显示样式，包括显示的背景、颜色等。报告模板可以选择“标准模板”，也可以使用“用户创建的模板”。

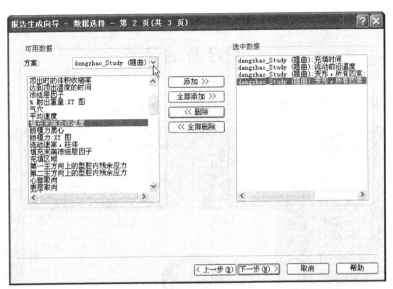

图 14-24   数据选择

（3）封面：选中"封面"复选框，将给报告创建一个封面，否则将不包括封面。封面属性指定中可以输入各项信息，与直接创建封面相同。

（4）报告项目：在左侧有"报告项目"列表，选择报告项目后，将可以定制项目细节，包括指定图像或者动画的属性、添加描述文本等。

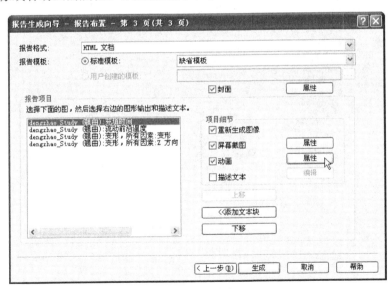

图 14-25   报告布置

4. 编辑报告

用于用户在已存在的报告中，添加、修改或删除分析结果及其他相关信息。单击【编辑报告】按钮，将打开【报告向导】对话框，用户根据所需修改相关信息。

复习与练习

创建分析报告，如图 14-26 所示为分析报告的一个页面。

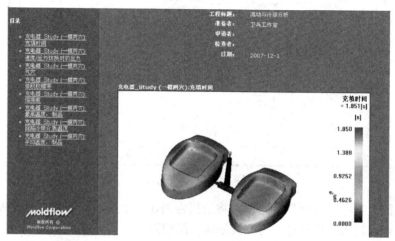

图 14-26　分析报告

第 *15* 讲 热流道优化分析

　　应用热流道可以提高产品质量、缩短成型周期、提高自
动化程度。采用热流道需要创建热流道的浇注系统，相对于
冷流道的模具，热流道模具可以优化产品质量。

本讲要点

📖 热流道浇注系统的创建

📖 优化分析

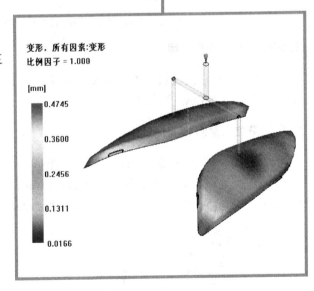

15.1　热流道分析应用示例

热流道是当前模具广泛使用的新技术之一，热流道成型是指从注射机喷嘴送往浇口的塑料始终保持熔融状态，在每次开模时不需要固化作为废料取出，滞留在浇注系统中的熔料可在再一次注射时被注入型腔。应用热流道可以缩短成型周期、提高自动化程度、提高注塑制品表面美观度。采用热流道需要创建热流道的浇注系统，而其他的设置过程与采用冷流道的分析过程相同。本节将演示车灯面罩采用热流道后的翘曲分析过程，示例模型及分析结果如图 15-1 所示。

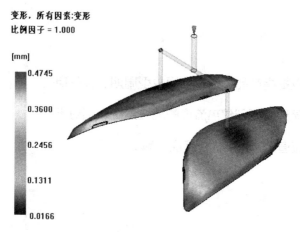

图 15-1　热流道模型的翘曲分析结果

※ **STEP 1**　打开工程

单击工具栏上的【打开】图标，在【打开】对话框中选择 case.mpi，单击【打开】按钮，打开 Moldflow 文件。

※ **STEP 2**　复制方案任务

在任务窗口中右击 dengzhao（warp）图标，在弹出的快捷菜单中选择"重复"命令，如图 15-2 所示，复制一个方案"dengzhao（warp）（复制）"，将其重命名为 dengzhao（hot runner），如图 15-3 所示。双击 dengzhao（hot runner）项将其打开。

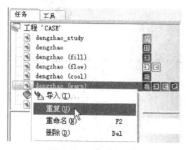

图 15-2　复制方案

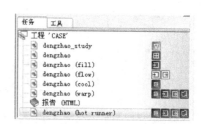

图 15-3　重命名方案

※ STEP 3　管理层

在层管理窗口中关闭除浇注系统以外的所有图层，如图 15-4 所示，在图形区仅显示浇注系统部分的网格，如图 15-5 所示。

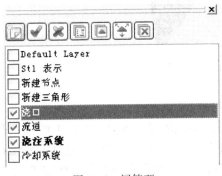

图 15-4　层管理

图 15-5　显示浇注系统

※ STEP 4　删除浇注系统

选择图形上所有对象并右击，在弹出的快捷菜单上选择"删除"命令，如图 15-6 所示，系统弹出【选择实体类型】对话框，如图 15-7 所示，单击【确定】按钮将浇注系统的所有类型对象删除。

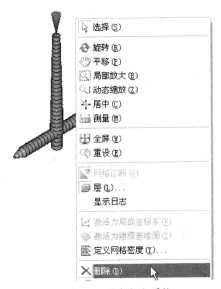

图 15-6　删除浇注系统

图 15-7　选择实体类型

※ STEP 5　设定注射位置

双击任务窗口中的 设定注射位置(S)... 图标，此时光标由 变为 ，选择经过浇口位置分析的最佳浇口位置附近的节点为注射位置，再指定对称位置为另一型腔的注射位置，如图 15-8 所示。

图 15-8　指定注射位置

※ STEP 6　流道系统布置

在【几何】工具栏上单击 ⋀ 流道系统 图标，首先出现流道系统向导的第 1 页——【布置】对话框，如图 15-9 所示，选中"使用热流道系统"复选框，创建热流道的浇注系统；单击【浇口中心】按钮将主流道放置在浇口中心位置；设置"顶部流道平面 Z[2]R"为 25mm，指定放置流道的平面高度。

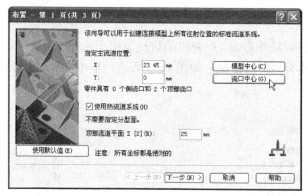

图 15-9　布置

※ STEP 7　注入口/流道/竖直流道

单击【下一页】按钮，进入向导第 2 页：注入口/流道/竖直流道，如图 15-10 所示。指定浇注系统的主流道的入口直径为 6mm，长度为 40mm，拔模角为 0deg，流道的直径为 4mm，竖直流道的底部直径为 4mm，拔模角为 0deg。

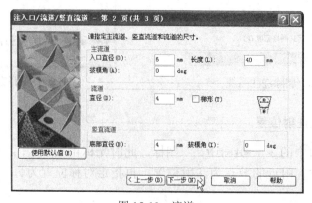

图 15-10　流道

※ STEP 8　浇口

单击【下一步】按钮，进入向导第 3 页：浇口，如图 15-11 所示。设置顶部浇口的始端直径为 1mm，末端直径为 1mm，长度为 1mm。

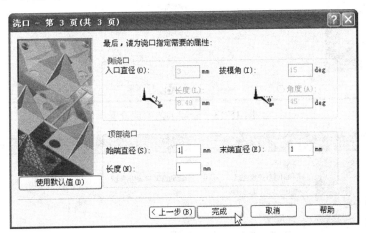

图 15-11　浇口

※ STEP 9　浇口

单击【完成】按钮完成流道系统的设置，生成浇注系统如图 15-12 所示。

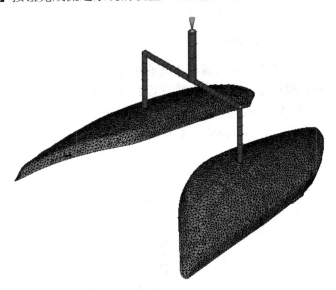

图 15-12　浇注系统创建

※ STEP 10　工艺设置

双击方案任务窗口中的【工艺设置】图标√ 工艺设置（用户），系统弹出【工艺设置向导–冷却设置】对话框，系统保留前面做冷却分析的参数，熔体温度为 285℃；开模时间为 2s，注射+保压+冷却时间为 12s，如图 15-13 所示。

单击【下一步】按钮，进入【工艺设置向导–填充+保压设置】对话框，如图 15-14 所示。

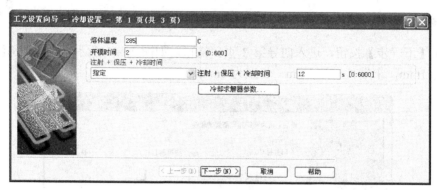

图 15-13　冷却工艺参数设置

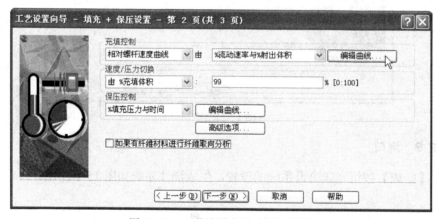

图 15-14　工艺设置向导–填充+保压

选择"充填控制"方式为"相对螺杆速度曲线"，由"%流动速率与%射出体积"，单击【编辑曲线】按钮，弹出【充填控制曲线设置】对话框，设置"%射出体积"与对应的"%流动速率"，如图 15-15 所示。单击【绘制曲线】按钮，显示 XY 图，如图 15-16 所示。确定返回【工艺设置向导–填充+保压设置】对话框。

图 15-15　充填控制曲线设置

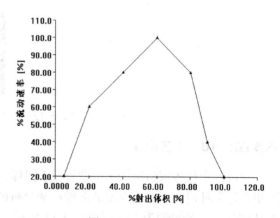

图 15-16　绘制曲线

设置"速度/压力切换"控制方式为"由%充填体积",并指定为99%。

设置"保压控制"方式为"%填充压力与时间",采用充填压力百分比和时间的关系,单击"保压控制"右侧的【编辑曲线】按钮,弹出【保压控制曲线设置】对话框,设置"持续时间"与对应的"%充填压力",如图15-17所示。单击【绘制曲线】按钮,显示 XY 图,如图15-18所示。确定返回【工艺设置向导-填充+保压设置】对话框。

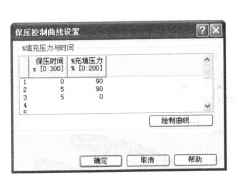

图 15-17　【保压控制曲线设置】对话框

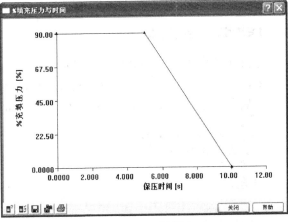

图 15-18　曲线图

取消选中"如果有纤维材料进行纤维取向分析"复选框。

单击【下一步】按钮,进入【工艺设置向导-翘曲设置】对话框,如图15-19所示。取消选中"考虑模具热膨胀"、"分离翘曲原因"、"考虑角效应"复选框,"矩阵求解器"为"自动",目的是为了获得分析结果的各个因素。

单击【完成】按钮,结束"冷却+填充+保压+翘曲"分析的工艺过程参数定义。

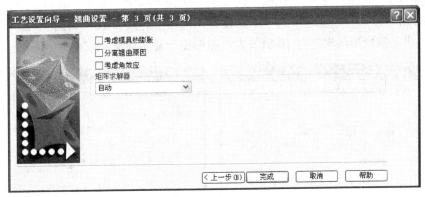

图 15-19　工艺设置向导-翘曲设置

※ STEP 11　提交计算

双击方案任务视窗中的　立即分析！(A) 图标,系统弹出【选择分析类型】对话框,单击【确定】按钮,求解器开始分析计算。分析计算过程中,屏幕输出相关分析信息。包括:

(1)分析过程中的警告信息:提示部分单元的长/径比很差。

（2）冷却过程信息：包括迭代次数，循环时间等。

（3）充填分析过程：显示时间、充填体积、压力等变化过程。

（4）保压过程：显示保压过程中时间、保压百分比、保压压力和锁模力的关系。

翘曲分析结果，在 X、Y 和 Z 三个方向的位移。

分析执行时间及翘曲分析成功信息。

最后弹出【分析成功】对话框，确定"冷却＋填充+保压＋翘曲"分析完毕。

※ STEP 12 查看结果

分析计算结束后，Moldflow 生成大量的文字、图像和动画结果，分类显示在方案任务窗口中，如图 15-20 所示。选中"变形,所有因素:变形"复选框，显示结果如图 15-21 所示，显示零件的翘曲变形量，最大为 0.4745mm。

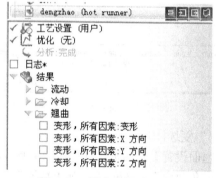

图 15-20　翘曲分析结果列表

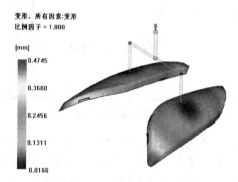

图 15-21　变形，所有因素：变形

在工具栏上单击【结果】图标，显示【结果】工具栏，单击【图形属性】图标，弹出【图形属性】对话框，选择"比例"选项卡，选择"指定"方式，并指定最小值为 0.3，如图 15-22 所示；选择"变形"选项卡，设置比例因子的值为 10，如图 15-23 所示，单击【确定】按钮，将变形结果进行 10 倍放大，图形更新显示如图 15-24 所示。

图 15-22　比例

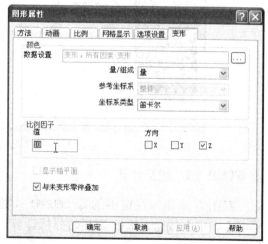

图 15-23　变形

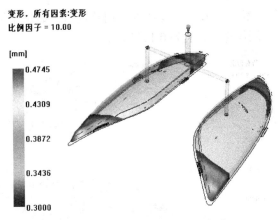

图 15-24 变形,所有因素:变形

※ STEP 13 显示结果

选中"变形,所有因素:Z 方向"复选框,调整视角,显示结果如图 15-25 所示,显示零件的 Z 方向的翘曲变形量,最大为 0.1716mm。

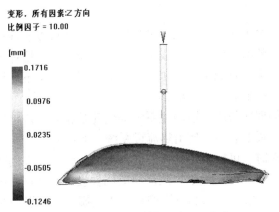

图 15-25 变形,所有因素:Z 方向

选中"变形,所有因素:X 方向"复选框,调整视角,显示结果如图 15-26 所示,显示零件的 X 方向的翘曲变形量,最大为 0.4436mm。

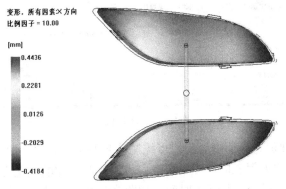

图 15-26 变形,所有因素:X 方向

选中"变形，所有因素：Y 方向"复选框，调整视角，显示结果如图 15-27 所示，显示零件的 Y 方向的翘曲变形量，最大为 0.1911mm。

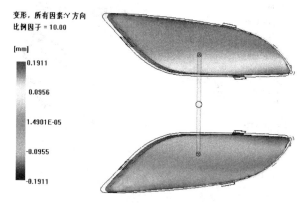

图 15-27　变形，所有因素：Y 方向

15.2　热流道浇注系统

　　热流道浇注系统省去了去除浇注系统凝料的工序，并可以实现连续的自动化生产，因而节省人力，提高生产效率，降低生产成本；采用热流道后，熔体始终处于熔融状态，浇注系统畅通，压力损失小，有利于压力传递，从而克服因补塑不足导致的制件缩孔、凹陷等缺陷，改善因力集中产生的翘曲变形。

　　热流道浇注系统的创建与冷流道浇注系统的创建是相同的，可以采用流道系统向导进行创建，在向导的第 1 页上选中"使用热流道系统"即可。

　　采用手工方式创建时，可以指定柱体的属性为"热浇口"来创建浇口，指定为"热流道"来创建热流道。如图 15-28 所示为热浇口的属性设置对话框，用于指定热浇口的几何属性和热属性。热流道系统的浇口和流道增加了"到模具的热损失选项"，可以指定通量，另外还可以指定外部加热器。

图 15-28　浇口属性

　　对于热浇口，在热流道设计中阀浇口可控制型腔的填充方式并调节通过各浇口的流量，阀浇口可以控制打开和关闭浇口。应用阀浇口可以控制型腔的填充方式、熔接线、流道平衡。设置为阀浇口，可以控制其开关时间，如图 15-29 所示为"阀浇口控制"选项卡，单

击【编辑】按钮，将打开【阀浇口控制器】对话框，如图 15-30 所示，选择控制方式为"时间"，单击【编辑】按钮，可以设置开关的时间，如图 15-31 所示。

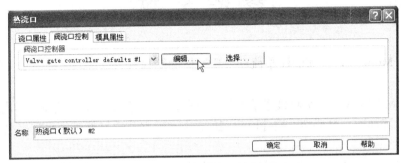

图 15-29 阀浇口控制

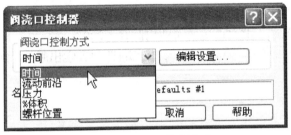

图 15-30 阀浇口控制方式

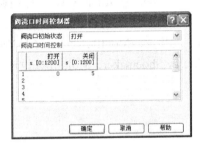

图 15-31 阀浇口时间控制器

复习与练习

创建如图 15-32 所示零件模型的热流道系统，并进行翘曲分析，再输出对比分析报告。

图 15-32 热流道系统

参 考 文 献

1. 王卫兵. Moldflow 中文版注塑流动分析案例导航视频教程. 北京：清华大学出版社，2012
2. 单岩等. Moldflow 模具分析技术基础与应用实例. 第 2 版. 北京：清华大学出版社，2008
3. 陈艳霞，陈如香，吴盛金. Moldflow 2012 中文版完全学习手册. 北京：电子工业出版社，2012
4. 李代叙等. Moldflow 模流分析从入门到精通. 北京：清华大学出版社，2012
5. 单岩等. MOLDFLOW 立体词典：塑料模具成型分析与优化设计. 杭州：浙江大学出版社，2011
6. 周其炎. Moldflow 5.0 基础与典型范例. 北京：电子工业出版社，2007
7. Jay Shoemaker. Moldflow 设计指南. 傅建，姜勇道等译. 成都：四川大学出版社，2010